U0178598

高水平地方应用型大学建设系列教材

能源化工专业生产实习教程

张 萍 辛志玲 朱 晟 编著

北 京

冶金工业出版社

2022

内 容 提 要

　　本书是作者根据多年教学经验，并结合化学工程与工艺课程教学实践要求编写而成的。全书共 6 章，主要内容包括安全生产和工艺流程基础知识、工业常用仪表和通用机械、能源化工常用设备、电厂水处理设备与流程、废水资源化处置及天然气处理加工等。

　　本书可作为高等院校化学工程与工艺专业及相关课程的实训教材，也可供化工行业有关研究人员参考。

图书在版编目 (CIP) 数据

　　能源化工专业生产实习教程/张萍，辛志玲，朱晟编著. —北京：冶金工业出版社，2022. 7

　　高水平地方应用型大学建设系列教材

　　ISBN 978-7-5024-9172-7

　　Ⅰ.①能… Ⅱ.①张… ②辛… ③朱… Ⅲ.①能源—化工生产—生产实习—高等学校—教材 Ⅳ.①TQ07

　　中国版本图书馆 CIP 数据核字（2022）第 089417 号

能源化工专业生产实习教程

出版发行	冶金工业出版社	**电　话**	（010）64027926
地　址	北京市东城区嵩祝院北巷 39 号	**邮　编**	100009
网　址	www. mip1953. com	**电子信箱**	service@ mip1953. com

责任编辑　杜婷婷　程志宏　美术编辑　彭子赫　版式设计　郑小利
责任校对　葛新霞　责任印制　李玉山
三河市双峰印刷装订有限公司印刷
2022 年 7 月第 1 版，2022 年 7 月第 1 次印刷
710mm×1000mm　1/16；11.75 印张；227 千字；174 页
定价 46.00 元

投稿电话　（010）64027932　投稿信箱　tougao@cnmip. com. cn
营销中心电话　（010）64044283
冶金工业出版社天猫旗舰店　yjgycbs. tmall. com
（本书如有印装质量问题，本社营销中心负责退换）

《高水平地方应用型大学建设系列教材》
编 委 会

《高水平地方应用型大学建设系列教材》序

应用型大学教育是高等教育结构中的重要组成部分。高水平地方应用型高校在培养复合型人才、服务地方经济发展以及为现代产业体系提供高素质应用型人才方面越来越显现出不可替代的作用。2019 年，上海电力大学获批上海市首个高水平地方应用型高校建设试点单位，为学校以能源电力为特色，着力发展清洁安全发电、智能电网和智慧能源管理三大学科，打造专业品牌，增强科研层级，提升专业水平和服务能力提出了更高的要求和发展的动力。清洁安全发电学科汇聚化学工程与工艺、材料科学与工程、材料化学、环境工程、应用化学、新能源科学与工程、能源与动力工程等专业，力求培养出具有创新意识、创新性思维和创新能力的高水平应用型建设者，为煤清洁燃烧和高效利用、水质安全与控制、环境保护、设备安全、新能源开发、储能系统、分布式能源系统等产业，输出合格应用型优秀人才，支撑国家和地方先进电力事业的发展。

教材建设是搞好应用型特色高校建设非常重要的方面。以往应用型大学的本科教学主要使用普通高等教育教学用书，实践证明并不适应在应用型高校教学使用。由于密切结合行业特色及新的生产工艺以及与先进教学实验设备相适应且实践性强的教材稀缺，迫切需要教材改革和创新。编写应用性和实践性强及有行业特色教材，是提高应用型人才培养质量的重要保障。国外一些教育发达国家的基础课教材涉及内容广、应用性强，确实值得我国应用型高校教材编写出版借鉴和参考。

　　为此，上海电力大学和冶金工业出版社合作共同组织了高水平地方应用型大学建设系列教材的编写，包括课程设计、实践与实习指导、实验指导等各类型的教学用书，首批出版教材 18 种。教材的编写将遵循应用型高校教学特色、学以致用、实践教学的原则，既保证教学内容的完整性、基础性，又强调其应用性，突出产教融合，将教学和学生专业知识和素质能力提升相结合。

　　本系列教材的出版发行，对于我校高水平地方应用型大学的建设、高素质应用型人才培养具有十分重要的现实意义，也将为教育综合改革提供示范素材。

上海电力大学校长　李和兴

2020 年 4 月

前　言

化学工程与工艺属于工程类专业，具有很强的实践性。实践环节是学生理论联系实际，提高实际操作能力，培养创新思维，学会分析解决工程问题的重要环节。化工生产实习是化工专业学生的重要实习环节，一般分为认识实习和毕业实习两类，认识实习主要是初步了解认识化工生产过程和设备，毕业实习则是将课堂上学到的理论，结合能源化工实际生产过程的实习。

本书首先介绍了基本的化工安全知识，使学生了解化工工业的安全性、工业生产过程的系列设备仪表组成、工业生产流程，然后介绍了能源化工生产过程的通用设备，强调不同的生产目的、不同产品所用的设备具有一定的特性。

学生在实习过程中往往只能看到设备的外部结构，对设备内部结构、物料在设备内部的运行情况的学习不够深入，因此，作者根据多年的实践环节教学经验，在介绍能源化工仪器设备时，尽量给出仪器设备的内部结构图，使学生对设备仪器的操作、物料的运行有更加清晰的了解。

本书共分6章，其中第1，2，4，5章由张萍编写，第3章由朱晟编写，第6章由辛志玲编写。全书由张萍统稿。

本书在编写过程中，得到了上海电力大学化工工程与工艺学科教师的支持，还得到了上海杨树浦火力电厂、上海天然气处理有限公司等企业工程师的帮助，在此一并表示诚挚的谢意。本书参考了有关文献资料，在此谨向文献资料作者表示感谢。

由于作者水平所限，书中不妥之处，敬请读者批评指正。

作　者

2021 年 12 月

目　　录

1 安全生产和工艺流程基础知识 ……………………………………………… 1

1.1 安全生产基础知识 ………………………………………………………… 1

1.1.1 化工生产的火灾危险性分类 ……………………………………… 1

1.1.2 生产的火灾危险性分类举例 ……………………………………… 2

1.1.3 贮存物品的火灾危险性分类 ……………………………………… 4

1.1.4 车间空气中有毒有害物质的最高容许浓度 …………………… 5

1.2 工艺流程图基础知识 ……………………………………………………… 8

1.2.1 工艺流程图概述 …………………………………………………… 8

1.2.2 工艺流程图的表达方法 …………………………………………… 8

1.2.3 带控制点工艺流程图的阅读 ……………………………………… 14

1.2.4 管路布置图 ………………………………………………………… 15

2 工业常用仪表和通用机械 …………………………………………………… 18

2.1 工业常用仪表 ……………………………………………………………… 18

2.1.1 温度测量仪表 ……………………………………………………… 18

2.1.2 压力测量仪表 ……………………………………………………… 20

2.1.3 流量测量仪表 ……………………………………………………… 21

2.1.4 物位测量仪表 ……………………………………………………… 22

2.2 阀门管件 …………………………………………………………………… 24

2.2.1 常用管路阀门 ……………………………………………………… 24

2.2.2 减压阀 ……………………………………………………………… 27

2.2.3 弹簧式安全阀 ……………………………………………………… 28

2.2.4 疏水阀 ……………………………………………………………… 29

2.2.5 管件 ………………………………………………………………… 30

2.3 泵与风机 …………………………………………………………………… 32

2.3.1 工业常用泵 ………………………………………………………… 33

2.3.2 泵适用场合 ………………………………………………………… 38

2.3.3 气体输送机械 ……………………………………………………… 40

3 能源化工常用设备 ………………………………………… 45

3.1 容器 …………………………………………………… 46
3.1.1 容器结构 …………………………………………… 46
3.1.2 化工容器分类 ……………………………………… 46
3.1.3 常用容器通用结构 ………………………………… 48
3.2 换热器 ………………………………………………… 49
3.2.1 换热器的分类 ……………………………………… 49
3.2.2 间壁式换热器的类型 ……………………………… 50
3.3 塔设备 ………………………………………………… 57
3.3.1 化工塔设备的分类 ………………………………… 57
3.3.2 板式塔 ……………………………………………… 58
3.3.3 塔板的类型 ………………………………………… 59
3.3.4 填料塔 ……………………………………………… 67
3.3.5 塔内件 ……………………………………………… 71

4 电厂水处理设备与流程 …………………………………… 83

4.1 水沉淀处理设备 ……………………………………… 83
4.1.1 平流式沉淀池 ……………………………………… 84
4.1.2 斜板、斜管沉淀池 ………………………………… 84
4.2 澄清池 ………………………………………………… 86
4.2.1 澄清池运行流程 …………………………………… 86
4.2.2 澄清池类型 ………………………………………… 87
4.3 粒状介质过滤设备 …………………………………… 90
4.3.1 压力式过滤器 ……………………………………… 90
4.3.2 重力式滤池 ………………………………………… 92
4.3.3 其他过滤工艺 ……………………………………… 95
4.4 活性炭处理 …………………………………………… 98
4.4.1 吸附水中有机物的粉状活性炭处理 ……………… 98
4.4.2 生物活性炭 ………………………………………… 99
4.5 除碳器 ………………………………………………… 99
4.5.1 大气式除碳器 ……………………………………… 100
4.5.2 真空式除碳器 ……………………………………… 100
4.6 离子交换装置及运行操作 …………………………… 101
4.6.1 顺流再生离子交换器 ……………………………… 102

4.6.2 逆流再生离子交换器 ·················· 103
4.6.3 浮床式离子交换器 ···················· 105
4.6.4 混合床除盐 ·························· 107
4.7 膜分离技术 ···························· 107
4.7.1 反渗透 ···························· 108
4.7.2 反渗透装置及其基本流程 ·············· 114
4.7.3 纳滤 ······························ 116
4.7.4 超滤和微滤 ························· 117
4.7.5 电渗析和电除盐 ····················· 117
4.7.6 电除盐 ···························· 120

5 废水资源化处置 ························· 123
5.1 隔油池 ······························ 123
5.2 浮上法 ······························ 124
5.2.1 电解浮上法 ························· 124
5.2.2 分散空气浮上法 ····················· 124
5.2.3 溶解空气浮上法 ····················· 125
5.3 生物滤池 ···························· 127
5.3.1 生物滤池的构造 ····················· 128
5.3.2 生物滤池法的流程 ··················· 130
5.4 生物转盘 ···························· 132
5.4.1 生物转盘的构造 ····················· 132
5.4.2 生物转盘的应用 ····················· 132
5.5 生物接触氧化法 ······················ 134
5.6 生物流化床 ·························· 135
5.6.1 生物流化床的类型 ··················· 136
5.6.2 生物流化床的优缺点 ················· 136
5.7 活性污泥法 ·························· 137
5.7.1 活性污泥法的基本流程 ··············· 137
5.7.2 曝气池池型 ························· 138
5.7.3 活性污泥法装置和运行方式 ··········· 140
5.8 废水的厌氧生物处理 ·················· 146
5.8.1 化粪池 ···························· 147
5.8.2 厌氧生物滤池 ······················ 148
5.8.3 厌氧接触法 ························· 148

5.8.4　上流式厌氧污泥床反应器 …………………………………………… 148

5.8.5　分段厌氧处理法 ………………………………………………………… 149

5.8.6　厌氧和好氧技术的联合运用 …………………………………………… 149

6　天然气处理加工 ………………………………………………………………… 151

6.1　概述 ……………………………………………………………………… 151

6.2　防止天然气水合物形成的方法和流程 ………………………………… 152

6.2.1　化学剂脱水法 ………………………………………………………… 152

6.2.2　吸收法脱水 …………………………………………………………… 153

6.2.3　吸附法脱水 …………………………………………………………… 157

6.3　天然气凝液回收 ………………………………………………………… 159

6.3.1　天然气液回收方法 …………………………………………………… 159

6.3.2　以回收C_3^+烃类为目的的天然气液回收装置工艺流程 ………… 162

6.3.3　以回收C_2^+为目的的天然气液回收装置工艺流程 ……………… 164

6.4　天然气脱硫 ……………………………………………………………… 167

6.4.1　脱硫方法的分类 ……………………………………………………… 167

6.4.2　脱硫工艺流程与设备 ………………………………………………… 168

参考文献 ……………………………………………………………………… 174

1 安全生产和工艺流程基础知识

1.1 安全生产基础知识

化学工业是运用化学方法从事产品生产的工业。能源化工是对能源进行化学工艺过程的工业生产方式，化工与能源密切相关。

化学工业使用的原料、半成品和成品种类繁多，且绝大多数是易燃、易爆、有毒、有害和有腐蚀性的化学危险品。因此，现代化学工业发展对化学工业的安全生产提出了更新、更高的要求。

1.1.1 化工生产的火灾危险性分类

各种化工生产的易燃物危险程度分类是依据生产过程中所使用和存储的原料、中间品和成品的物理化学性质和数量及其火灾爆炸危险程度和生产过程的性质等情况综合确定的。

生产的火灾危险性的分类见表1-1。

表 1-1　生产的火灾危险性分类

生产火灾危险类别	火灾危险性的特征
甲	使用或产生下列物质： 1. 闪点<28℃的易燃液体； 2. 爆炸下限<10%的可燃气体； 3. 常温下能自行分解或在空气中氧化即能导致迅速自燃或爆炸的物质； 4. 常温下受到水或空气中水蒸气的作用，能产生可燃气体并引起燃烧或爆炸的物质； 5. 遇酸、受热、撞击、摩擦及遇有机物或硫黄等易燃的无机物，极易引起燃烧或爆炸的强氧化剂； 6. 受撞击、摩擦或与氧化剂、有机物接触时能引起燃烧或爆炸的物质； 7. 在压力容器内本身温度超过自燃点的物质
乙	使用或产生下列物质： 1. 28℃≤闪点<60℃的易燃、可燃液体； 2. 爆炸下限≥10%的可燃气体； 3. 助燃气体和不属于甲类的氧化剂； 4. 不属于甲类的化学易燃危险固体； 5. 生产中排出浮游状态的可燃纤维或粉尘，并能与空气形成爆炸性混合物质

生产火灾危险类别	火灾危险性的特征
丙	使用或产生下列物质： 1. 闪点≥60℃的可燃液体； 2. 可燃固体
丁	具有下列情况的生产： 1. 对非燃烧物质进行加工，并在高热或熔化状态下经常产生辐射热、火花或火焰的生产； 2. 利用气体、液体、固体作为燃料，或将气体、液体进行燃烧作其他用途的各种生产； 3. 常温下使用或加工难燃烧物质的生产
戊	常温下使用或加工非燃烧物质的生产

1.1.2 生产的火灾危险性分类举例

1.1.2.1 生产火灾危险类别甲类

(1) 闪点低于28℃的油品和有机溶剂的提炼、回收或洗涤工段及其泵房，橡胶制品的涂胶和胶浆部位，二硫化碳工段及其应用部位，金霉素车间粗晶及抽提工段，苯的氯化工段，农药厂乐果车间，磺化法糖精车间，氯乙醇工段，环氧乙烷、环氧丙烷工段，苯酚车间磺化、蒸馏工段，焦化厂吡啶工段，胶片厂片基车间，甲醇、乙醚、丙酮、异丙醇、醋酸乙酯、苯等的合成或精制工段。

(2) 乙炔站，氢气站，石油气体分馏（或分离）车间，氯乙烯工段，乙烯聚合工段，天然气、水煤气或焦炉气的净化（如脱硫）工段及其鼓风机室，丁二烯及其聚合工段，醋酸乙烯工段，电解水或电解食盐工段，环己酮工段，乙基苯和苯乙烯车间。

(3) 硝化棉工段及其应用部位，赛璐珞车间，黄磷制备工段及其应用部位，三乙基铝工段，染化厂某些能自行分解的重氮化合物生产工段，甲胺车间，丙烯腈车间。

(4) 金属钠、钾加工车间及其应用部位，聚乙烯车间的一氯二乙基铝工段，三氯化磷工段，三氯氢硅工段，五氯化磷工段。

(5) 氯酸钠、氯酸钾车间及其应用部位，过氧化氢工段，过氧化钠、过氧化钾工段，次氯酸钙工段。

(6) 赤磷制备工段及其应用部位，硫化钾工段，五硫化二磷工段及其应用部位。

(7) 石蜡裂解工段，冰醋酸裂解工段。

1.1.2.2 生产火灾危险类别乙类

(1) 28℃≤闪点<60℃的油品和有机溶剂的提炼、回收、洗涤工段及其泵房，松节油或松香水蒸馏工段及其应用部位，醋酸酐精馏工段，滴滴涕车间，己内酰胺工段，甲酚车间，氯丙醇工段，樟脑油提取工段，环氧氯丙烷工段，松针油精制工段，煤油灌桶间。

(2) 一氧化碳压缩机室及净化工段，发生炉煤气或鼓风炉煤气净化工段，氨压缩机房。

(3) 氧气站，发烟硫酸或发烟硝酸浓缩工段，高锰酸钾工段，重铬酸钠（红钒钠）工段。

(4) 樟脑或松香提炼车间，硫黄回收车间，焦化厂精萘车间，硫化钾工段。

(5) 铝粉或镁粉车间，煤粉车间，面粉厂碾磨车间，活性炭制造及再生工段。

1.1.2.3 生产火灾危险类别丙类

(1) 闪点不低于60℃的油品和有机液体的提炼、回收工段及其抽送泵房，香料厂松油醇工段和乙酸松油脂工段，苯甲酸工段，苯乙酮工段，焦油车间，甘油、桐油的制备工段，油浸变压器室，机器油或变压器油灌桶间，柴油灌桶间，润滑油再生工段，配电室（每台装油量大于60kg的设备），沥青加工车间。

(2) 煤、焦炭、油母页岩的筛分、转运工段和栈桥或贮仓，木工车间，橡胶制品的压延、成型和硫化工段，针织品车间，纺织车间，缝纫车间，棉花加工和打包车间，造纸厂干燥车间，印染厂成品车间，麻纺厂初加工车间，谷物加工车间或料仓。

1.1.2.4 生产火灾危险类别丁类

(1) 金属冶炼、锻造、铆焊、热轧、铸造、热处理车间。

(2) 锅炉房，玻璃原料熔化工段，汽车库，蒸汽机车库，石灰焙烧工段，电石炉工段，耐火材料烧成工段，高炉车间，硫酸车间焙烧工段，电极煅烧工段配电室（每台装油量不大于60kg的设备）。

(3) 树脂塑料的加工车间。

1.1.2.5 生产火灾危险类别戊类

卷扬机室，不燃液体的泵房和阀门室，不燃液体的净化处理工段，金属（镁合金除外）冷加工车间，电动车库，钙镁磷肥车间（焙烧炉除外），纯碱车间（煅烧炉除外），造纸厂或化学纤维厂浆粕蒸煮工段，仪表、器械或车辆装配车间。

1.1.3 贮存物品的火灾危险性分类

1.1.3.1 仓库贮存防火规范的规定

仓库贮存的物品按其火灾危险的程度分为五类，见表1-2。

表1-2 贮存物品的火灾危险性分类

贮存物品火灾危险类别	火灾危险性特征
甲	1. 常温下能自行分解或在空气中氧化即能导致迅速自燃或爆炸的物质； 2. 常温下受到水或空气中水蒸气的作用，能产生可燃气体并引起燃烧或爆炸的物质； 3. 受撞击、摩擦或与氧化剂、有机物接触时能引起燃烧或爆炸的物质； 4. 闪点<28℃的易燃液体； 5. 爆炸下限<10%的可燃气体，以及受到水或空气中水蒸气的作用能产生爆炸下限<10%的可燃气体的固体物质； 6. 遇酸、受热、撞击，摩擦及遇有机物或硫黄等易燃的无机物、极易引起燃烧或爆炸的强氧化剂
乙	1. 不属于甲类的化学易燃危险固体； 2. 28℃≤闪点<60℃的易燃、可燃液体； 3. 不属于甲类的氧化剂； 4. 助燃气体； 5. 爆炸下限≥10%的可燃气体； 6. 常温下与空气接触能缓慢氧化、积热不散引起自燃的危险物品
丙	1. 闪点≥60℃的可燃液体； 2. 可燃固体
丁	难燃烧物品
戊	非燃烧物品

1.1.3.2 危险性物品共同贮存的规则

表1-3为危险品物品共同贮存的规则。

表1-3 危险性物品共同贮存的规则

组别	物品名称	贮存规则	备注
I	爆炸物品：苦味酸、三硝基甲苯、火棉、硝化甘油、硝酸铵炸药、雷汞等	不准和任何其他种类的物品共同贮存，必须单独隔离贮存	起爆药与炸药必须隔离贮存
II	易燃及可燃液体：汽油、苯、二硫化碳、丙酮、乙醚、甲苯、酒精（醇类）、醋酸、酯类、喷漆、煤油、松节油、樟脑油等	不准和任何其他种类的物品共同贮存	如数量很少，允许与固体易燃物品隔开后共同贮存

组别	物品名称	贮存规则	备　注
Ⅲ		压缩气体和液化气体	
Ⅲ₁	1. 易燃气体：乙炔、氢、氯化甲烷、硫化氢、氨等	除惰性不燃气体外，不准和其他种类的物品共同贮存	
Ⅲ₂	2. 惰性不燃气体：氮、二氧化碳、二氧化硫、氟利昂等	除气体Ⅲ₁、Ⅲ₃，氧化剂Ⅵ₁和有毒物品Ⅶ外，不准和其他种类物品共同贮存	
Ⅲ₃	3. 助燃气体：氧、压缩空气、氯等	除惰性不燃气体Ⅲ₂和有毒物品Ⅶ外，不准和其他种类的物品共同贮存	氯兼有毒害性
Ⅳ	遇水或空气能自燃的物质：钾、钠、电石、磷化钙、锌粉、铝粉、黄磷等	不准和其他种类的物品共同贮存	钾、钠必须浸入石油中，黄磷必须浸入水中贮存，均需单独隔离贮存
Ⅴ	易燃固体：赛璐珞、影片、赤磷、萘、樟脑、硫黄、火柴等	不准和其他种类的物品共同贮存	赛璐珞、影片、火柴均需单独隔离贮存
Ⅵ		氧化剂	
Ⅵ₁	1. 能形成爆炸混合物的物品：氯酸钾、氯酸钠、硝酸钾、硝酸钠、硝酸钡、次氯酸钙、亚硝酸钠、过氧化钡、过氧化钠、过氧化氢（30%）等	除惰性气体Ⅲ₂外，不准和其他种类的物品共同贮存	过氧化物遇水有发热爆炸危险，应单独贮存；过氧化氢应贮存在阴凉处所
Ⅵ₂	2. 能引起燃烧的物品：溴、硝酸、硫酸、铬酸、高锰酸钾、重铬酸钾等	不准和其他种类的物品共同贮存	与氧化剂Ⅵ₁也应隔离
Ⅶ	有毒物品：氯化苦、光气、五氧化二砷、氰化钾、氰化钠等	除惰性不燃气体和助燃气体Ⅲ₂、Ⅲ₃外，不准和其他种类的物品共同贮存	

1.1.4　车间空气中有毒有害物质的最高容许浓度

工业车间的有毒有害物质可以通过呼吸道和皮肤进入人体。有害有毒物质侵入人体后与人体组织发生化学或物理作用，在一定条件下破坏人体的正常生理机能，引起神经系统、血液及造血系统、呼吸系统、消化系统、肾脏和皮肤等发生暂时或永久性的损伤。因此，车间空气中有毒有害物质的浓度，不得超过表1-4的规定。

表1-4 车间中有害物质的最高容许浓度 (mg/m³)

编号	物质名称	最高容许浓度	编号	物质名称	最高容许浓度
	（一）有毒物质		32	光 气	0.5
1	一氧化碳①	30		有机磷化合物	
2	一甲胺	5	33	内吸磷（E059）（皮）	0.02
3	乙 醚	500	34	对硫磷（E605）（皮）	0.05
4	乙 腈	3	35	甲拌磷（3911）（皮）	0.01
5	二甲胺	10	36	马拉硫磷（4049）（皮）	2
6	二甲苯	100	37	甲基内吸磷（甲基E059）（皮）	0.2
7	二甲基甲酰胺（皮）	10	38	甲基对硫磷（甲基E605）（皮）	0.1
8	二甲基二氯硅烷	2	39	乐戈（乐果）（皮）	1
9	二氧化硫	15	40	敌百虫（皮）	1
10	二氧化硒	0.1	41	敌敌畏（皮）	0.3
11	二氯丙醇（皮）	5	42	吡 啶	4
12	二硫化碳（皮）	10		汞及其化合物	
13	二异氰酸甲苯酯	0.2	43	金属汞	0.01
14	丁 烯	100	44	升 汞	0.1
15	丁二烯	100	45	有机汞化合物（皮）	0.005
16	丁 醛	10	46	松节油	300
17	三乙基氯化锡（皮）	0.01	47	环氧氯丙烷（皮）	1
18	三氧化二砷及五氧化二砷	0.3	48	环氧乙烷	5
19	三氧化二铬、铬酸盐、重铬酸盐（换算成CrO₃）	0.05	49	环己酮	50
20	三氯氢硅	3	50	环己醇	50
21	己内酰胺	10	51	环己烷	100
22	五氧化二磷	1	52	苯（皮）	40
23	五氯酚及其钠盐	0.3	53	苯及其同系物的一硝基化合物（硝基苯及硝基甲苯等）（皮）	5
24	六六六	0.1	54	苯及其同系物的二及三硝基化合物（二硝基苯、三硝基甲苯等）（皮）	1
25	丙体六六六	0.05	55	苯的硝基及二硝基氯化物（一硝基氯苯、二硝基氯苯等）（皮）	1
26	丙酮	400	56	苯胺、甲苯胺、二甲苯胺（皮）	5
27	丙烯腈（皮）	2	57	苯乙烯	40
28	丙烯醛	0.3		钒及其化合物	
29	丙烯醇（皮）	2	58	五氧化二钒烟	0.1
30	甲 苯	100	59	五氧化二钒粉尘	0.5
31	甲 醛	3	60	钒铁合金	1

续表 1-4

编号	物质名称	最高容许浓度	编号	物质名称	最高容许浓度
61	苛性碱（换算成 NaOH）	0.5	92	四氯化碳（皮）	25
62	氟化氢及氟化物(换算成 F)	1	93	氯乙烯	30
63	氨	30	94	氯丁二烯（皮）	2
64	臭氧	0.3	95	溴甲烷（皮）	1
65	氧化氮（换算成 NO_2）	5	96	碘甲烷（皮）	1
66	氧化锌	5	97	溶剂汽油	350
67	氧化镉	0.1	98	滴滴涕	0.3
68	砷化氢	0.3	99	羰基镍	0.001
	铅及其化合物		100	钨及碳化钨	6
69	铅　烟	0.03		醋酸酯	
70	铅　尘	0.05	101	醋酸甲酯	100
71	四乙基铅（皮）	0.005	102	醋酸乙酯	300
72	硫化铅	0.5	103	醋酸丙酯	300
73	铍及其化合物	0.001	104	醋酸丁酯	300
74	钼（可溶性化合物）	4	105	醋酸戊酯	100
75	钼（不溶性化合物）	6		醇	
76	黄磷	0.03	106	甲　醇	50
77	酚（皮）	5	107	丙　醇	200
78	萘烷、四氢化萘	100	108	丁　醇	200
79	氰化氢及氢氰酸盐（换算成 HCN）（皮）	0.3	109	戊　醇	100
80	联苯—联苯醚	7	110	糠　醛	10
81	硫化氢	10	111	磷化氢	0.3
82	硫酸及三氧化硫	2		（二）生产性粉尘	
83	锆及其化合物	5	1	含有 10%以上游离二氧化硅的粉尘（石英、石英岩等）[②]	2
84	锰及其化合物（换算成 MnO_2）	0.2	2	石棉粉尘及含有 10%以上石棉的粉尘	2
85	氯	1	3	含有 10%以下游离二氧化硅的滑石粉尘	4
86	氯化氢及盐酸	15	4	含有 10%以下游离二氧化硅的水泥粉尘	6
87	氯苯	50	5	含有 10%以下游离二氧化硅的煤尘	10
88	氯萘及氯联苯（皮）	1	6	铝、氧化铝、铝合金粉尘	4
89	氯化苦	1	7	玻璃棉和矿渣棉粉尘	5
	氯代烃		8	烟草及茶叶粉尘	3
90	二氯乙烷	25	9	其他粉尘[③]	10
91	三氯乙烯	30			

注：1. 表中最高容许浓度，是工人工作地点空气中有害物质所不应超过的数值。工作地点是指工人为观察和管理生产过程而经常或定时停留的地点，如生产操作在车间内许多不同地点进行，则整个车间均算为工作地点。

2. 有（皮）标记者为除经呼吸道吸收外，还易经皮肤吸收的有毒物质。

3. 工人在车间内停留的时间短暂，经采取措施仍不能达到表中规定的浓度时，可与省、自治区、直辖市卫生主管部门协商解决。

①一氧化碳的最高容许浓度在作业时间短暂时可予放宽：作业时间 1h 以内一氧化碳浓度可达到 50mg/m³，0.5h 以内可达到 100mg/m³，15～20min 可达到 200mg/m³。在上述条件下反复作业时，两次作业之间需间隔 2h 以上。

②含有 80%（质量分数）以上游离二氧化硅的生产性粉尘，其浓度不宜超过 1mg/m³。

③其他粉尘是指游离二氧化硅含量（质量分数）在 10%以下，不含有毒物质的矿物性和动植物性粉尘。

1.2 工艺流程图基础知识

工艺流程图是表达化工生产过程与联系的图样，是一种示意性的图样，它以形象的图形、符号、代号表示化工设备、管道、附件和仪表自控等。化工工艺图主要包括工艺流程图、设备布置图和管路布置图。它是化工工艺人员进行工艺设计的主要内容，也是化工厂进行工艺安装和指导生产的重要技术文件。

1.2.1 工艺流程图概述

化工工艺流程图是一种表示化工生产中由原料转变为成品或半成品的来龙去脉及采用的设备的示意性图样，即按照工艺流程的顺序，将生产中采用的设备和管路从左至右展开画在同一平面上，并附以必要的标注和说明。根据表达内容的详略，化工工艺流程图分为方案流程图和施工流程图。

方案流程图一般仅画出主要设备和主要物料的流程线，用于粗略地表示生产流程。图 1-1 所示为某化工厂空压站岗位的工艺方案流程图。由图中可以看出，空气经空压机加压进入冷却器降温，通过气液分离器除去气体中的冷凝杂液，再进入干燥器和除尘器进一步去除液、固杂质，最后送入储气罐。

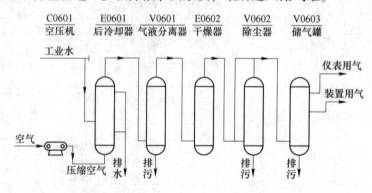

图 1-1 空压站岗位的工艺方案流程图

施工流程图通常又称为带控制点工艺流程图，是在方案流程图的基础上绘制的、内容较为详细的一种工艺流程图。它是设备布置和管路布置设计的依据，并可供施工安装和生产操作时参考。图 1-2 所示为空压站的带控制点工艺流程图。

1.2.2 工艺流程图的表达方法

工艺方案流程图和工艺施工流程图均属于示意性的图样，只需大致按投影和尺寸作图。它们的区别只是内容详略和表达重点的不同，这里着重介绍带控制点工艺流程图的表达方法。

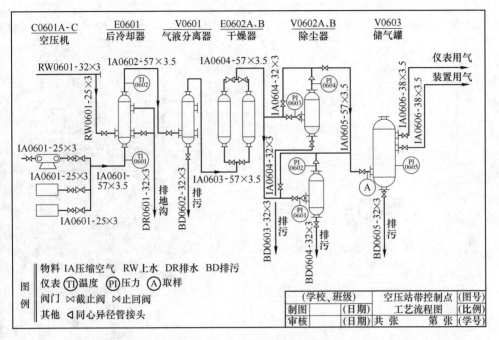

图 1-2　空压站的带控制点工艺流程图

1.2.2.1　设备的表示方法

按照主要物料的流程，从左至右用细实线、按大致比例画出，能够显示设备形状特征的外形轮廓。常用设备的示意画法见表 1-5，也可以将设备用剖视图形式表示。工艺流程图中的设备顺序，应符合实际生产过程。各设备之间要留有适

表 1-5　常用设备的示意画法

名称	符号	图　　例	名称	符号	图　　例
容器	V	立式容器　卧式容器　球罐 锥顶罐　平顶容器　固定床过滤器	反应器	R	固定床反应器　列管式反应器 流化床反应器　反应釜(带搅拌、夹套)

名称	符号	图例	名称	符号	图例
塔	T	填料塔　板式塔　喷洒塔	压缩机	C	(卧式)　(立式)　旋转式压缩机　离心式压缩机　往复式压缩机
换热器	E	固定管板列管换热器　U形管换热器　浮头式列管换热器　板式换热器	泵	P	离心泵　齿轮泵　往复泵　喷射泵
动力机	M E S D	电动机　内燃机、燃气轮机　汽轮机　其他动力机　离心式膨胀机　活塞式膨胀机	火炬 烟囱	S	火炬　烟囱

当距离，以布置连接管路及控制仪表。设备排列应力求整齐，布置均匀，每台设备都应编写设备位号并注写设备名称，其标注方法如图 1-3 所示。其中设备位号一般包括设备分类代号、车间或工段号和设备序号等，相同设备以尾号加以区别。设备的分类代号见表 1-6。

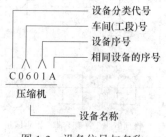

图 1-3 设备位号与名称

表1-6 设备的分别代号（摘自 HG/T 2051.35—1992）

分 类	代 号	分 类	代 号
泵	P	塔	T
反应器	R	火炬、烟囱	S
换热器	E	起重运输设备	L
压缩机、风机	C	计量设备	W
工业炉	F	其他机械	M
容器（槽、罐）	V	其他设备	X

图1-2中，有空压机（位号 C0601）三台和后冷却器（位号 E0601）一台，有气液分离器（位号 V0601）一台，干燥器（位号 E0602）两台，除尘器（位号 V0602）两台，储气罐（位号 V0603）一台。它们均用细实线示意性地展开画出，在其上方标注出了设备位号和名称。

1.2.2.2 管路的表示方法

带控制点工艺流程图中应包括所有管路，即各种物料的流程线。流程线是工艺流程图的主要表达内容。常用物料代号可按规定进行编写，具体见表1-7。各种不同形式的图线在工艺流程图中的图例见表1-8。

表1-7 物料代号

代号	物料名称	代号	物料名称	代号	物料名称	代号	物料名称
A	空气	F	火炬排放气	LO	润滑油	R	冷冻剂
AM	氨	FG	燃料气	LS	低压蒸汽	RO	原料油
BD	排污	FO	燃料油	MS	中压蒸汽	RW	原水
BF	锅炉用水	FS	熔盐	NG	天然气	SC	蒸汽冷凝水
BR	盐水	GO	填料油	N	氮	SL	泥浆
CS	化学污水	H	氢	O	氧	SO	密封油
CW	循环冷却水上水	HM	载热气	PA	工艺空气	SW	软水
DM	脱盐水	HS	高压蒸汽	PG	工艺气体	TS	伴热蒸汽
DR	排液、排水	HW	循环冷却水回水	PL	工艺液体	VE	真空排放气
DW	饮用水	IA	仪表空气	PW	工艺水	VT	放空气

表1-8 工艺流程图上管路、管件、阀门的图例

管 道		管 件		阀 门	
名称	图例	名称	图例	名称	图例
主要物料管路	——————	同心异径管	▷	截止阀	⋈

管　道		管　件		阀　门	
名称	图例	名称	图例	名称	图例
辅助物料管路	—————	偏心异径管	◁ ▷ （底平）（顶平）	闸阀	◁▷
原有管路	— — —	管端盲管	——— |	节流阀	◁▶
仪表管路	– – –	管端法兰（盖）	——— ||	球阀	◁●▷
蒸汽伴件管路	– · – · –	放空管	↑ ⌐ （帽）（管）	旋塞阀	◁●▷
电伴热管路	=====	漏斗	↓ Y ↓ ▽ （敞口）（封闭）	蝶阀	▭
夹套管	▭	视镜	⊘	止回阀	◁▷
可拆短管	— – —	圆形盲板	（正常开启）（正常关闭）	角式截止阀	◁▷
柔性管	/\/\/\/\/\	管帽	———)	三通截止阀	◁▷

　　流程线应画成水平或垂直，不用斜线或曲线。转弯时画成直角，一般不用斜线或圆弧。流程线交叉时，应将其中一条断开。一般同一物料线交错，按流程顺序"先不断、后断"；不同物料线交错时，主物料线不断，辅助物料线断，即"主不断、辅断"。

　　每条管线上应画出箭头，指明物料流向，并在来、去处用文字说明物料名称及其来源或去向。每段管路上都有相应的管路代号，一般地，水平管路标在管路的上方，垂直管路则标注在管路的左方（字头朝左）。管路代号一般包括物料代号、车间或工段号、管段序号、管径、壁厚等内容，如图 1-4 所示。必要时，还可注明管路压力等级、管路材料、隔热或隔声等代号。

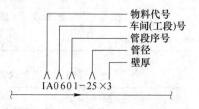

图 1-4　管路代号的标注

图 1-2 中，用粗实线画出了主要物料的工艺流程。每一条管线均标注了流向箭头和管路代号。

1.2.2.3 阀门及管件的表示法

化工生产中大量使用各种阀门，以实现对管路内的流体进行开、关及流量控制、止回、安全保护等功能。在流程图上，阀门及管件用细实线按规定的符号在相应处画出。由于功能和结构的不同，阀门的种类很多，常用阀门及管件的图形符号见表 1-8。

1.2.2.4 仪表控制点的表示方法

化工生产过程中，需对管路或设备内不同位置、不同时间流经的物料的压力、温度、流量等参数，进行测量、显示或取样分析。

在工艺流程中，应表示全部计量仪表（温度计、压力表、真空计、转子流量计、液面计等）及其检测点，测量元件（孔板、热电偶等）、变动装置（差压变送器等）显示仪表（记录、指示仪表等）、调节表（各种调节阀）及执行机构（气动薄膜调节阀）。

在带控制点的工艺流程图中，仪表控制点用符号表示，并从其安装位置引出。符号包括图形符号和仪表位号，它们组合起来表达仪表功能、被测变量和检测方法等。

A 图形符号

控制点的图形符号用一个细实线的圆（直径约 10mm）表示，并用细实线连向设备或管路上的测量点，仪表的图形符号如图 1-5 所示。图形符号上还可表示仪表不同的安装位置，如图 1-6 所示。

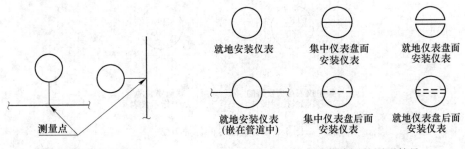

图 1-5 仪表的图形符号   图 1-6 仪表安装位置的图形符号

B 仪表位号

仪表位号由字母与阿拉伯数字组成：第一位字母表示被测变量，后续字母表示仪表的功能，一般用三位或四位数字表示工段号和仪表序号，如图 1-7 所示。被测变量及仪表功能的字母组合示例，见表 1-9。

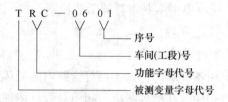

图 1-7   仪表位号的组成

表 1-9   被测变量及仪表功能的字母组合示例

仪表功能	温度	温差	压力或真空	压差	流量	流量比率	分析	密度	黏度
指示	TI	TdI	PI	PdI	FI	FfI	AI	DI	VI
指示、控制	TIC	TdIC	PIC	PdIC	FIC	FfIC	AIC	DIC	VIC
指示、报警	TIA	TdIA	PIA	PdIA	FIA	FfIA	AIA	DIA	VIA
指示、开关	TIS	TdIS	PIS	PdIS	FIS	FfIS	AIS	DIS	VIS
记录	TR	TdR	PR	PdR	FR	FfR	AR	DR	VR
记录、控制	TRC	TdRC	PRC	PdRC	FRC	FfRC	ARC	DRC	VRC
记录、报警	TRA	TdRA	PRA	PdRA	FRA	FfRA	ARA	DRA	VRA
记录、开关	TRS	TdRS	PRS	PdRS	FRS	FfRS	ARS	DRS	VRS
控制	TC	TdC	PC	PdC	FC	FfC	AC	DC	VC
控制、变速	TCT	TdCT	PCT	PdCT	FCT	—	ACT	DCT	VCT

在图形符号中，字母填写在圆圈内的上部，数字填写在下部，仪表位号的标注方法如图 1-8 所示。

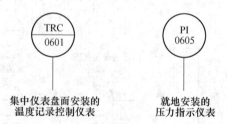

图 1-8   仪表位号的标注方法

1.2.3 带控制点工艺流程图的阅读

通过阅读带控制点工艺流程图，要了解和掌握物料的工艺流程，设备的种类、数量、名称和位号，管路的编号和规格，阀门、控制点的功能、类型和控制部位等。

现以图1-2为例，介绍阅读带控制点工艺流程图的方法与步骤。

（1）了解设备的数量、名称和位号。从图形上方的设备标注中可知，空压站工艺设备有10台。其中，动设备3台，即相同型号的3台空气压缩机（C0601A～C）；静设备7台，包括1台后冷却器（E0601）、1台气液分离器（V0601）、2台干燥器（E0602A、B）、2台除尘器（V0602A、B）和1台储气罐（V0603）。

（2）分析主要物料的工艺流程。从空压机出来的压缩空气，经测温点TI0601进入后冷却器。冷却后的压缩空气经测温点TI0602进入气液分离器，除去油和水的压缩空气分两路进入两干燥器进行干燥，然后分两路经测压点PI0601、PI0603进入两台除尘器。除尘后的压缩空气经取样点进入储气罐后，送去外管路供使用。

（3）分析其他物料的工艺流程。冷却水沿管路RW0601-25×3经截止阀进入后冷却器，与温度较高的压缩空气进行换热后，经管路DR0601-32×3排入地沟。

（4）了解阀门、仪表控制点的情况。从图中可看出，主要有5个止回阀，分别安装在空压机、干燥器的出口处，其他均是截止阀。仪表控制点有温度显示仪表2个、压力显示仪表5个，这些仪表都是就地安装的。

（5）了解故障处理流程线。空气压缩机有3台，其中1台备用。假若压缩机C0601A出现故障，可先关闭该机的进口阀，再开启备用机C0601B的进口阀并启动。此时，压缩空气经C0601B的出口阀沿管路IA0601-25×3进入后冷却器。

1.2.4 管路布置图

1.2.4.1 管路布置图的作用和内容

管路布置图是在设备布置图的基础上画出管路、阀门及控制点，表示厂房建筑内外各设备之间管路的连接走向和位置，以及阀门、仪表控制点的安装位置的图样。管路布置图又称为管路安装图或配管图，是管路施工安装的重要依据。

图1-9所示为空压站岗位（除尘器部分）的管路布置图，从图中可以看出，管路布置图一般包括以下内容。

（1）一组视图。一组表示整个车间（装置）的设备、建筑物的简单轮廓，以及管路、管件、阀门、仪表控制点等的布置安装情况。与设备布置图类似，管路布置图的一组视图主要包括管路布置平面图和剖面图。

（2）标注。注明管路及管件、阀门、控制点等的平面位置尺寸和标高，对建筑物轴线编号、设备位号、管段序号、控制点代号等进行标注。

（3）方位标。表示管路安装的方位基准。

（4）标题栏。注写图名、图号、比例及签字等。

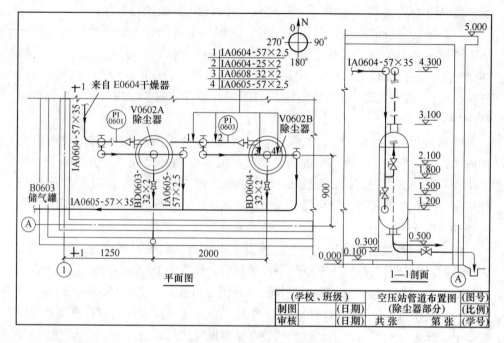

图 1-9 除尘器部分管路布置图

1.2.4.2 管路布置图的阅读

阅读管路布置图主要是读懂管路布置平面图和剖面图。通过对管路平面图的识读，应了解和掌握如下内容：

（1）所表达的厂房建筑各层楼面或平台的平面布置及定位尺寸；

（2）设备的平面布置、定位尺寸及设备的编号和名称；

（3）管路的平面布置、定位尺寸、编号、规格和介质流向等；

（4）管件、管架、阀门及仪表控制点等的种类和平面位置。

通过对管路立面（或剖视）图的识读，应了解和掌握如下内容：

（1）所表达的厂房建筑各层楼面或平台的立面结构及标高；

（2）设备的立面布置情况、标高及设备的编号和名称；

（3）管路的立面布置情况、标高，以及编号、规格、介质流向等；

（4）管件、阀门及仪表控制点的立面布置和高度位置。

由于管路布置图是根据带控制点工艺流程图、设备布置图设计绘制的，因此，阅读管路布置图之前应首先读懂相应的带控制点工艺流程图和设备布置图。对于空压站岗位，已阅读过带控制点工艺流程图和设备布置图，下面介绍其除尘器部分的管路布置图（见图 1-9）的读图方法和步骤。

（1）概括了解。先了解图中平面图、剖面图的配置情况，视图数量等。图中仅表示了与除尘器有关的管路布置情况，包括图 1-9 中的平面图和 1—1 剖面图两个视图。

(2) 详细分析。了解厂房建筑、设备的布置情况、定位尺寸、管口方位等。由图 1-9 并结合设备布置图可知，两台除尘器与南墙距离为 900mm，与西墙距离分别为 1250mm、3250mm。

分析管道走向、编号、规格及配件等的安装位置。从平面图与 1—1 剖面图中可看到，来自 E0602 干燥器的管路 IA0604-57/×3.5 到达除尘器 V0602A 左侧时分成两路：一路向右去另一台除尘器 V0602B；另一路向下至标高 1.500m 处，经过截止阀，至标高 1.200m 处向右拐弯，经异径接头后与除尘器 V0602A 的管口相接。此外，这一路在标高 1.800m 处分出另一支管则向前、向上，经过截止阀到达标高 4.3m 时向右拐，至除尘器 V0602A 顶端与除尘器接管口相连，并继续向右、向下、向前与来自除尘器 V0602B 的管道 IA0605-57×3.5 相接，该管路最后向后、向左穿过墙去储气罐 V0603。

除尘器底部的排污管至标高 0.300m 时拐弯向前，经过截止阀再穿过南墙后排入地沟。

(3) 归纳总结。所有管路分析完毕后，进行综合归纳，从而建立起一个完整的空间概念。图 1-10 所示为空压站岗位（除尘器部分）的管路布置轴测图。

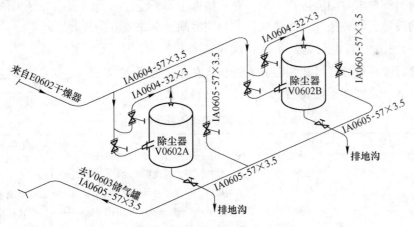

图 1-10 空压站岗位（除尘器部分）管路布置轴测图

工业常用仪表和通用机械

2.1 工业常用仪表

仪表常常用于检测、监测生产过程，通过仪表了解生产过程的状态。仪表是工业生产过程的重要部件。

工业上常用的仪表有温度测量仪表、压力测量仪表、流量测量仪表和物位测量仪表。

2.1.1 温度测量仪表

温度是表征物体冷热程度的物理量，是各种工业生产最普遍而重要的操作参数。任何一个工业过程，无论从收率、产量和质量，还是从节能、生产安全等方面考虑，都要求对温度进行测量。在具体选用哪种温度测量仪表时，必须依被测介质的性质、环境条件、测量精度、响应时间及对温度控制的要求而定。

2.1.1.1 温度测量仪表的原理和特点

按温度测量方式可把测温分为接触式和非接触式两类，一般多采用接触式测温的方法。温度测量仪表的原理和特点见表 2-1。

表 2-1　温度测量仪表的原理和特点

类别	名　称	原　理	特　点	应用场合
接触式仪表	双金属温度计	金属受热时产生线性膨胀	结构简单，机械强度较好，价格低廉；精度低，不能远传与记录	就地测量；电接点式可用于位式控制或报警
	棒式玻璃液体温度计	液体受热时体积膨胀	结构简单，精度较高，稳定性好，价格低廉；易碎，不能远传与记录	
	压力式温度计	液体或气体受热后产生体积膨胀或压力变化	结构简单，不怕震动，易就地集中测量；精度低。测量距离较远时，滞后性较大；毛细管机械强度差，损坏后不易修复	就地集中测量；可用于自动记录，控制或报警

类别	名 称	原 理	特 点	应用场合
接触式仪表	热电阻	导体或半导体的电阻随温度而改变	精度高，便于远距离多点集中测量和自动控制温度。不能测高温；与热电偶相比，维护工作量大；不宜在振动场合使用	与显示仪表配用可集中指示和记录；与调节器配用可对温度进行自动控制
	热电偶	两种不同的金属导体接点受热后产生电势	精度高，测温范围广，不怕震动；与热电阻相比，安装方便、寿命长；便于远距离多点集中测量和自动控制温度。需要冷端补偿和补偿导线，在低温段测量时精度低	
非接触式仪表	光学高温计	加热体的亮度随温度而变化	测温范围广，携带使用方便。只能目测高温，低温段测量精度较差	适用于不接触的高温测量
	光电高温计	加热体的颜色随温度而变化	精度高，反应速度快。只能测高温，结构复杂，读数麻烦，价格高	
	辐射高温计	加热体的辐射量随温度而变化	测温范围广，反应速度快，价格低廉。误差较大，低温段测量不准，测量精度与环境条件有关	

2.1.1.2 温度测量仪表的应用场合

图 2-1 所示为温度测量仪表适用的场合。

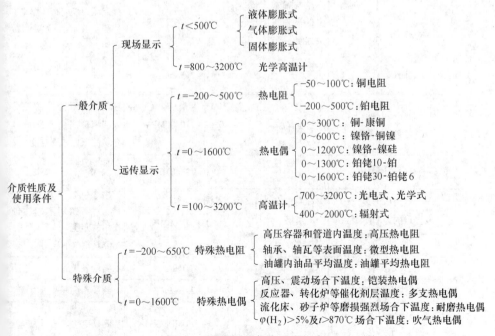

图 2-1 温度测量仪表适用场合

2.1.2 压力测量仪表

工业生产中，压力是指由气体和液体均匀垂直作用于单位面积上的力，在工业生产中压力是重要的操作指标之一。在电力、化工和炼油等生产过程中，经常会遇到压力和真空度的测量，包括比大气压力高很多的高压、超高压、超超高压和比大气压力低很多的真空度的测量。如果压力不符合要求，不仅会影响生产效率、降低产品质量，有时还会造成严重的生产事故。

表2-2为压力测量仪表的种类、特点和应用范围。

表 2-2 压力测量仪表的种类、特点和应用范围

类别	名 称	特点	测量范围	应用范围
液柱式压力表	U形管压力计	结构简单，制作方便，但易破损	0~20000Pa	测量气体的压力及压差，也可用作差压流量计、气动单元组合仪表的效验
液柱式压力表	环形压力计{单管 多管	结构简单，制作方便，但易破损	3000~15000Pa −2500~6300Pa	测量气体的压力及压差，也可用作差压流量计、气动单元组合仪表的效验
液柱式压力表	倾斜式压力计	结构简单，制作方便，但易破损	400Pa，1000Pa，1250Pa，±250Pa，±500Pa	测量气体微压，炉腔微压及压差
液柱式压力表	补偿式微压计	结构简单，制作方便，但易破损	0~15000Pa	测量气体微压，炉腔微压及压差
普通弹簧管式压力表	普通弹簧管压力表	结构简单，成本低廉，使用维护方便	−0.1~60.0MPa	非腐蚀性、无结晶的液体、气体、蒸汽的压力和真空，防爆车间电接点压力表应选防爆型
普通弹簧管式压力表	电接点压力表{防爆 非防爆	结构简单，成本低廉，使用维护方便	−0.1~60.0MPa	非腐蚀性、无结晶的液体、气体、蒸汽的压力和真空，防爆车间电接点压力表应选防爆型
普通弹簧管式压力表	双针双管压力表	结构简单，成本低廉，使用维护方便	0~6MPa	测量无腐蚀介质的两点压力
普通弹簧管式压力表	双面压力表	结构简单，成本低廉，使用维护方便	0~2.5MPa	两面显示同一测量点的压力
普通弹簧管式压力表	标准压力表（精密压力表）	精度高	0.03~250.00MPa	校验普通弹簧管压力表，精确测量无腐蚀性介质的压力和真空度
普通弹簧管式压力表	电阻远传压力表	有刻度，不防爆	0.03~2.40MPa	能就地指示和远传压力
专用弹簧管式压力表	氨用压力表（电接点的为非防爆）	弹簧管的材料为不锈钢	0.03~60.00MPa	液氨、氨气及其混合物，对不锈钢不起腐蚀作用的介质
专用弹簧管式压力表	氧气压力表	严格禁油	0.03~60.00MPa	测量氧气的压力
专用弹簧管式压力表	氢气压力表		0~60MPa	测量氢气的压力
专用弹簧管式压力表	乙炔压力表		0~2.5MPa	测量乙炔气的压力
专用弹簧管式压力表	耐硫压力表（H_2S压力表）		0~60MPa	测量硫化氢的压力

类别	名 称	特点	测量范围	应用范围
膜片式压力表	膜片压力表	膜片材料为 1Cr18Ni9Ti 和含钼不锈钢	-0.1~2.5MPa	测量腐蚀性、易结晶、易凝固、黏性较大的介质压力和真空
	隔膜式耐蚀压力表		0~6MPa	
	隔膜式压力表		0~60MPa	
特种压力表	耐酸压力表	弹簧管、接头和导管材料均为 1Cr18Ni9Ti	0~60MPa	测量硝酸、醋酸、部分有机酸、无机酸或其他碱类等非结晶、非凝固性介质的压力
	耐震压力表		0~120MPa	测量脉动压力
	船用压力表		0.03~60.00MPa	测量振动、颠覆、灰尘、滴溅和湿热条件下，无腐蚀性介质的压力和真空
	船用禁油氧气压力表	严格禁油	0~6MPa	适用于船用压力表应用场合的氧气测量
	矩形压力表		0.03~2.40MPa	仪表盘安装
	膜盒压力表（包括电接点）		0~0.4MPa；±0.02MPa	
	霍尔压力变送器	无刻度，不防爆	-0.02~0.06MPa	测量值可传至远离测量点的显示仪
	直接作用压力调节阀		0.015~0.500MPa	无须辅助能源，自动维持管道或设备内的压力

2.1.3 流量测量仪表

在电力、化工和炼油生产过程中，为了有效地进行生产操作和控制，经常需要测量生产过程中各种介质（液体、气体和蒸汽等）的流量，以便为生产操作和控制提供依据。

流量是指单位时间内通过的物料量，总量是指一段时间间隔内所通过的物料累计量。

表 2-3 为流量测量仪表特点和应用场合。

表 2-3　流量测量仪表的特点和应用场合

分类	名称	特　　点					应用场合
		被测介质	测量范围 /$m^3 \cdot h^{-1}$	管径/mm	工作压力 /MPa	工作温度 /℃	
转子式	玻璃管转子流量计	液体	$1.5 \times 10^{-4} \sim 1.0 \times 10^2$	3～150	0.1	0～60	就地指示流量
		气体	$1.8 \sim 3.0 \times 10^3$				
	金属管转子流量计	液体	$6 \times 10^{-2} \sim 1 \times 10^2$	15～150	1.6, 2.5, 4	0～100 -20～120	就地指示流量，如与显示仪表配套可集中指示和控制流量
		气体	$2 \sim 3 \times 10^3$		1.6, 2.5, 4	-40～150	
速度式	水表	液体	$4.5 \times 10^{-2} \sim 2.8 \times 10^3$	15～400	0.6	90	就地累计流量
					1.0	0～40 0～60	
容积式	椭圆齿轮流量计	液体	$2.5 \times 10^{-2} \sim 3.0 \times 10^2$	10～200	1.6	0～40 -10～80 -10～120	就地累计流量
	腰轮流量计	液体 气体	$2.5 \times 10^{-1} \sim 1.0 \times 10^3$	15～300	2.5, 6.4	0～80 0～120	
	旋转活塞式流量计	液体	$8 \times 10^{-2} \sim 4$	15～40	0.6, 1.6	20～120	
	圆盘流量计	液体	$2.5 \times 10^{-1} \sim 30.0$	15～70	0.25, 0.4, 0.6, 2.5, 4.5	100	
	刮板流量计	液体	$4 \sim 180$	50～150	1.0	100	
其他	冲塞式流量计	液体 蒸汽 气体	4～60（介质黏度小于10°E）	25～100	1.2	200	就地累计流量
	分流旋翼蒸汽流量计	蒸汽	35～1215kg/h	50～100	1.0, 1.6		就地和远传累计流量
	流量控制器	液体	$0.9 \sim 300.0$	15～40	0.15, 0.25, 0.35		流量控制

2.1.4　物位测量仪表

在容器中液体介质的高低称为液位，容器中固体或颗粒状物质的堆积高度称为料位。测量液位的仪表称为液位计，测量料位的仪表称为料位计，而测量两种密度不同液体介质的分界面的仪表称为界面计。上述三种仪表统称为物位测量仪表。

在工业过程中，经常通过测量容器中所储物质的体积或质量，监视或控制容器内的物位，使它保持在工艺要求的高度，或对它的上下极限位置进行报警，根据物位来连续监视或调节容器中流入、流出物料的平衡。

物位测量仪表的特点和应用场合见表 2-4。

表 2-4　物位测量仪表的特点和应用场合

类别	名　称	测量范围/m	特点	应用场合
直接式	玻璃液位计	0~1.7	结构简单，玻璃易碎	就地指示液位，不适合测量深色及黏稠的介质
	翻板液位计	0~3	结构坚固，指示醒目	就地指示并能远传液位，适合于液位式控制或报警
	电接触液位控制器	0~10	结构简单	没有指示，仅作液位的位式控制或报警
浮力式	带钢丝绳子式液位计	0~10	结构简单，精度较低	就地指示液位，并能对液位进行位式控制或报警
	杠杆带浮球式液位计	0~2		就地指示液位，适合于液位的位式控制或报警
	浮筒式液位计	0~2		就地指示液位，与显示仪表配套可以对液位进行集中指示和控制
其他	低沸点液位计	0~2		适合于测量液体沸点低于环境温度的液位
	音叉料面计		不会因磨损、卡、擦而引起仪表的误差	不能指示料面，适用于电导率较低的物料，以及颗粒状和粉末状物料的定点控制或报警
	机械式料面讯号器			对料仓的物料进行定点报警
	阻旋式料位控制器	0~7	结构简单；维修方便	适合于敞开容器料位控制或报警

2.2　阀门管件

阀门的主要功能是接通或截断流体通路，是流体输送系统的控制元件。阀门还可用于调节、节流、防止倒流、节压力、释放过剩的压力及排液阻汽。近年来，随着石油、化工、电站、冶金、船舶、核能、宇航等行业的发展，阀门工作温度从超低温-269℃到高温1200℃，甚至高达3400℃。工作压力从超真空1.33×10^{-5}Pa到超高压1460MPa，阀门的公称尺寸DNl～6000mm，甚至达到DN9700mm。

随着现代科学技术的发展，阀门已成为人类活动的各个领域中不可缺少的通用机械产品。

2.2.1　常用管路阀门

2.2.1.1　闸阀

启闭件（闸板）由阀杆带动，沿阀座（密封面）做直线升降运动的阀门，称为闸阀。闸阀是截断阀类的一种，用来接通或截断管路中的介质，闸阀的使用范围较宽。图2-2为内螺纹暗杆闸阀，图2-3为平行式双闸板闸阀，图2-4为暗杆楔式闸阀。

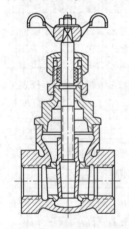 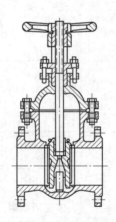 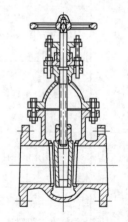

图2-2　内螺纹暗杆闸阀　　　图2-3　平行式双闸板闸阀　　　图2-4　暗杆楔式闸阀

闸阀按阀杆上螺纹位置可分为明杆式和暗杆式两类，从闸板的结构特点又可分为楔式、平行式两类。

楔式闸阀的密封面与垂直中心成一角度，并且大多制成单闸板，平行式闸阀的密封面与垂直中心平行，并且大多制成双闸板。

闸阀的密封性能较截止阀好，流体阻力小，具有一定的调节性能，明杆式还可根据阀杆升降高低调节启闭程度；缺点是结构较截止阀复杂，密封面易磨损，不易修理。闸阀适于制成大口径的阀门，除适用于蒸汽、油品等介质外，还适用于含有粒状固体及黏度较大的介质，并适用于作放空阀和低真空系统阀门。

弹性闸阀不易在受热后被卡住，适用于蒸汽、高温油品和油气等介质，以及开关频繁的部位，不宜用于易结焦的介质。

楔式单闸板闸阀较弹性闸阀结构简单，在较高温度下密封性能不如弹性或双闸板闸阀好，适用于易结焦的高温介质。

楔式闸阀中双闸板式密封性好，密封面磨损后易修理，其零部件比其他形式的多。它适用于蒸汽、油品和对密封面磨损较大的介质，或开关频繁部位，不宜用于易结焦的介质。

2.2.1.2　截止阀

阀瓣在阀杆的带动下，沿阀座密封面的轴线做升降运动而达到启闭目的的阀门，称为截止阀。截止阀是截断阀的一种，用来截断或接通管路中的介质。图 2-5 为内螺纹截止阀。

截止阀与闸阀相比，其调节性能好，密封性能差，结构简单，制造维修方便，流体阻力较大，价格便宜；适用于蒸汽等介质，不宜用于黏度大含有颗粒易沉淀的介质，也不宜用作放空阀及低真空系统的阀门。

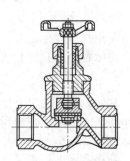

图 2-5　内螺纹截止阀

2.2.1.3　节流阀

通过阀瓣改变通道截面积而达到调节流量和压力的阀门称为节流阀，通常所说的节流阀是截止型节流阀。节流阀与截止阀结构基本一样，不同的是节流阀的阀瓣可以起到调节的作用。图 2-6 为直通式节流阀。

节流阀的外形尺寸小、质量轻、调节性能较盘形截止阀和针形阀好，但调节精度不高，由于流速较大，易冲蚀密封面；适用于温度较低、压力较高的介质，以及需要调节流量和压力的部位，不适用于黏度大和含有固体颗粒的介质，不宜用作隔断阀。

2.2.1.4　止回阀

启闭件借助介质的作用力，自动阻止介质逆流的阀门，称为止回阀。通常介质顺流时阀门开启，逆流时阀门关闭，这种控制介质流的方法多用来防止介质倒流。图 2-7 为内螺纹升降式止回阀，图 2-8 为旋启式止回阀。

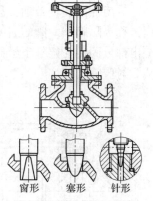

窗形　塞形　针形

图 2-6　直通式节流阀

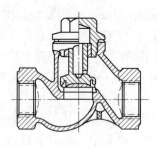
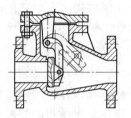

图 2-7　内螺纹升降式止回阀　　　图 2-8　旋启式止回阀

止回阀按结构可分为升降式和旋启式两种。

升降式止回阀较旋启式止回阀的密封性好，流体阻力大。卧式的宜装在水平管线上，立式的应装在垂直管线上。

旋启式止回阀不宜制成小口径阀门，它可装在水平、垂直或倾斜的管线上。如装在垂直管线上，介质流向应由下至上。止回阀一般适用于清净介质，不宜用于含固体颗粒和黏度较大的介质。

2.2.1.5　球阀

球体由阀杆带动并绕阀杆的轴线做旋转运动的阀门称为球阀。直通球阀用于截断介质，应用广泛。多通球阀可改变介质流通方向或进行分配，球阀广泛应用于长输管线。图 2-9 为球阀。

球阀的结构简单、开关迅速、操作方便、体积小、质量轻、零部件少、流体阻力小，结构比闸阀和截止阀简单，密封面比旋塞阀易加工且不易擦伤。球阀适用于低温、高压及黏度大的介质，但不能作调节流量用，不适用于温度较高的介质。

2.2.1.6　隔膜阀

启闭件由阀杆带动，沿阀轩轴线做升降运动，并将动作机构与介质隔开的阀门，称为隔膜阀。阀的启闭件是一块橡胶隔膜，夹于阀体与阀盖之间。隔膜中间突出部分固定在阀杆上，阀体内衬有橡胶。图 2-10 为衬胶隔膜阀，图 2-11 为直流式衬胶隔膜阀。

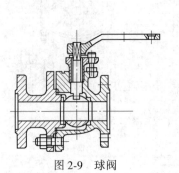
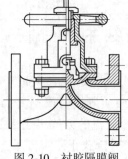
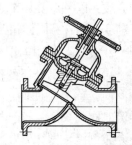

图 2-9　球阀　　　图 2-10　衬胶隔膜阀　　　图 2-11　直流式衬胶隔膜阀

隔膜阀属于截断阀类。由于橡胶隔膜阀的作用,无论阀门处于开启或关闭的位置,留到其内的腐蚀介质始终与阀门的驱动部件隔离。因此,隔膜阀主要用于腐蚀性介质及不允许外漏的场合。

隔膜阀结构简单,密封性能好,便于维修,流体阻力小;适用于工作温度低于170℃、公称压力小于PN40的油品、水、酸性介质和含悬浮物的介质,不适用于有机溶剂和强氧化剂的介质。

2.2.1.7 蝶阀

启闭件为一圆盘形蝶板,在阀体内绕固定轴旋转开启、关闭和调节流体的阀门称为蝶阀。蝶阀与相同公称压力等级的平行式闸板阀比较,其尺寸小、质量轻、开闭迅速,具有一定的调节性能,适合制成较大口径阀门。图2-12为单夹式蝶阀。

2.2.1.8 旋塞阀

旋塞体绕其轴线旋转而启闭的阀门称为旋塞阀。旋塞阀一般用于低、中压、小口径、温度不高的场合,作截断、分配和改变介质流向。图2-13为旋塞阀。

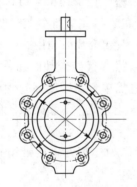

图2-12　单夹式蝶阀

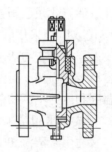

图2-13　旋塞阀

旋塞阀的结构简单,开关迅速,操作方便,流体阻力小,零部件少,质量轻;适用于温度较低、黏度较大的介质和要求开关迅速的部位,一般不适用于蒸汽和温度较高的介质。

2.2.2 减压阀

图2-14为活塞式减压阀,图2-15为波纹管式减压阀。减压阀是通过启闭件的节流,将进口的高压介质降低至某个需要的出口压力,在进口压力及流量变动时,能自动保持出口压力基本不变的自动阀门。常用的减压阀主要有以下几种。

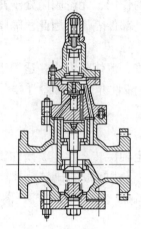 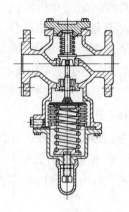

图 2-14　活塞式减压阀　　　　　图 2-15　波纹管式减压阀

（1）活塞式减压阀是采用导阀放大作用，使活塞带动阀瓣做升降运动的减压阀，主要由阀体、阀盖、阀杆、主阀瓣、副阀瓣、活塞、膜片和调节弹簧等组成。它与薄膜式相比，体积较小，阀瓣开启行程大，耐温性能好，但灵敏度较低，制造困难。活塞式减压阀普遍用于蒸汽和空气等介质管道中。

（2）薄膜式减压阀采用弹簧和薄膜作为传感件直接带动阀瓣做升降运动，或采用导阀放大作用。它与活塞式相比具有结构简单、灵敏度高的优点；但薄膜的行程小，容易老化损坏，受温度的限制，耐压能力低。薄膜式减压阀通常用于水、空气等温度和压力不高的条件下。

（3）波纹管式减压阀是采用弹簧、波纹管作为传感件直接带动阀瓣升降运动的减压阀，它适用于蒸汽和空气等介质管道中。

2.2.3　弹簧式安全阀

安全阀用在受压设备、容器或管路上，作为超压保护装置。当设备压力升高超过允许值时，阀门开启全量排放，以防止设备压力继续升高；当压力降低到规定值时，阀门及时关闭，从而保护设备或管路的安全运行。安全阀往往作为最后的一道保护装置，因而其可靠性对设备和人身的安全具有特别重要的意义。

（1）杠杆重锤式安全阀如图 2-16 所示。重锤通过杠杆加载于阀瓣上，载荷不随开启高度而变化，但对振动较敏感，且回座性能差。它由阀体、阀盖、阀杆、导向叉（限制杠杆上下运动）、杠杆与重锤（具有调节阀瓣压力的作用）、菱形支座与力座（具有提高动作灵敏的作用）、顶尖座（具有定阀杆位置的作用）、节流环、支头螺钉与固定螺钉（具有固定重锤位置的作用）等零件组成，通常用于较低压力的系统。

（2）A41 弹簧微启式安全阀如图 2-17 所示。通过作用在阀瓣上的弹簧力来控制阀瓣的启闭，它具有结构紧凑、体积小、质量轻、启闭动作可靠、对振动不敏感的优点；缺点是作用在阀瓣上的载荷随开启高度而变化，对弹簧的性能要求很严，制造困难。

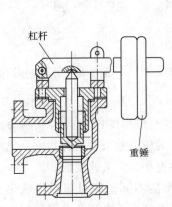

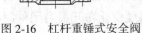

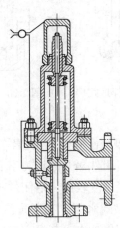

图 2-16　杠杆重锤式安全阀　　　　图 2-17　A41 型弹簧微启式安全阀

（3）先导式安全阀如图 2-18 所示。它由主阀和副阀组成，下半部称为主阀，上半部称为副阀，是借助副阀的作用带动主阀动作的安全阀，当介质压力超过额定值时，便压缩副阀弹簧，使副阀瓣上升，副阀开启，于是介质进入活塞缸的上方。由于活塞缸的面积大于主阀瓣面积，压力推动活塞下移，驱动主阀瓣向下移动开启，介质向外排出。当介质压力降到低于额定值时，在副阀弹簧的作用下副阀瓣关闭，主阀活塞无介质作用，活塞在弹簧作用下回弹，再加上介质的压力使主阀关闭。先导式安全阀主要用于大口径的高压场合。

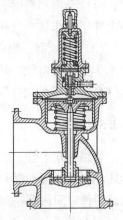

图 2-18　先导式安全阀

2.2.4　疏水阀

图 2-19 为内螺纹浮球式疏水阀，图 2-20 为钟形浮子式疏水阀，图 2-21 为内螺纹隔膜式疏水阀。

疏水阀，也称为阻汽排水阀、疏水器等。其作用是自动排泄蒸汽管道和设备中不断产生的凝结水、空气及其他不可凝性气体，同时又阻止蒸汽的逸出。

疏水阀是保证各种加热工艺设备所需温度和热量并能正常工作的一种节能产品。按工作原理分为热动力型、热静力型和机械型三种。

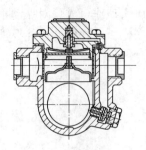
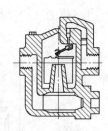
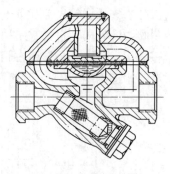

图 2-19　内螺纹浮球式　　图 2-20　钟形浮子式　　图 2-21　内螺纹隔膜式
　　　　　　疏水阀　　　　　　　　　疏水阀　　　　　　　　　疏水阀

　　（1）热动力型疏水阀。利用蒸汽、凝结水通过启闭件（阀片或阀瓣）时的不同流速引起被启闭件隔开的压力室和进口处的压力差来启闭疏水阀，这类疏水阀处理凝结水的灵敏度较高、启闭件小、惯性也小、开关速度快。

　　（2）热静力型疏水阀。利用蒸汽和凝结水的不同温度引起温度敏感元件动作，从而控制启闭件工作。其温度敏感元件受温度变化在开关启闭件时有滞后现象，对低于饱和温度一定温差的凝结水和空气可同时排放出去，可安装在用气设备上部单纯作排空气阀使用。

　　（3）机械型。依靠浮子（球状或桶状）随凝结水液位升降的动作实现阻汽排水作用，小口径阀的灵敏度较大口径的高，浮球式灵敏度高于浮桶式疏水阀。除倒吊桶式疏水阀可以排除少量的冷热空气外，这类阀都不能排除空气。

2.2.5　管件

　　管路中除了管子以外，为满足工艺生产和安装检修等需要，管路中还有许多其他构件，如短管、弯头、三通、异径管、法兰、盲板、阀门等，通常称这些构件为管路附件，简称管件。管件是组成管路不可缺少的部分，常用管件有以下几类。

　　（1）弯头。弯头主要用来改变管路的走向，可根据弯头弯曲的程度分类，常见的有 45°、90°、180°、360°弯头。180°、360°弯头又称为 U 形弯管。另外，还有工艺配管需要的特定角度的弯头。常见弯头结构图如图 2-22 和图 2-23 所示。

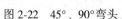
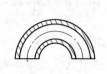

图 2-22　45°、90°弯头　　　　　　　图 2-23　180°弯头

（2）三通。当两条管路之间相互连通或需要有旁路分流时，其接头处的管件称为三通。根据接入管的角度不同，有垂直接入的正接三通、斜接三通。斜接三通按斜接角度来定名称，如45°斜三通等。此外，按出入口的口径大小来定名称，如等径三通等。除常见的三通管件外，还常以接口的多少来定名称，例如四通、五通、斜接五通等。常用三通结构如图 2-24～图 2-27 所示。常见的三通管件，除用管子拼焊外，还有用模压组焊、铸造和锻造而成的。

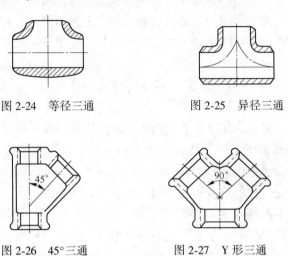

图 2-24　等径三通　　　　　　图 2-25　异径三通

图 2-26　45°三通　　　　　　图 2-27　Y 形三通

（3）短接管和异径管。当管路装配中短缺一小段，或因检修需要在管路中置一小段可拆的管段时，经常采用短接管。短接管有的带连接头（如法兰、丝扣等），或仅仅是一直短管，也称为管垫。将两个不等管径的管口连通起来的管件称为异径管，通常称为大小头。常用短接管和异径管结构如图 2-28～图 2-32 所示。

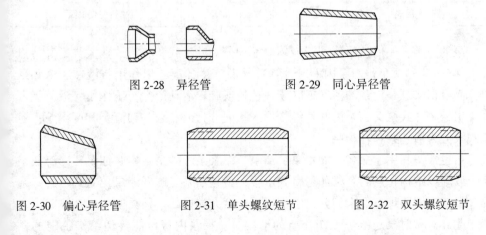

图 2-28　异径管　　　　　图 2-29　同心异径管

图 2-30　偏心异径管　　　图 2-31　单头螺纹短节　　　图 2-32　双头螺纹短节

(4) 法兰、盲板。为便于安装和检修，管路中常采用可拆连接，法兰就是一种常用的连接零件。为清理和检查需要，在管路上设置手孔盲板或在管端装盲板。盲板还可以用来暂时封闭管路的某一接口或将管路中的某一段管路中断与系统的联系。在一般中低压管路中，盲板的形状与实心法兰相同，所以这种盲板又称为法兰盖，这种盲板与法兰一样都已标准化，具体尺寸可以在有关手册中查到。另外，在设备和管路的检修中，为确保安全，常采用钢板制成的实心圆片插入两个法兰之间，用来暂时将设备或管路与生产系统隔绝，这种盲板习惯称为插入盲板。插入盲板的大小可与插入处法兰的密封面外径相同。

2.3 泵 与 风 机

泵与风机是人类社会生活和生产的需要中应用较早的机械之一。在生活和生产中，常常需要将流体从一个地方输送至另一地方。当从低能位向高能位输送时，必须克服流动过程中的阻力及补偿不足的能量。通常，用于输送液体的机械称为泵，用于输送气体的机械称为风机或压缩机。

石油、化工生产涉及的流体种类繁多、性质各异，对输送的要求也相差悬殊。为满足不同输送任务的要求，出现了多种形式的输送机械。根据输送机械作用原理不同，可分为表 2-5 中的几种类型。

表 2-5　输送机械的类型

类 型		液体输送机械	气体输送机械
动力式		离心泵、漩涡泵	离心式通风机，鼓风机、压缩机
容积式（正位移式）	往复式	往复泵、计量泵、隔膜泵	往复式压缩机
	旋转式	齿轮泵、螺杆泵	罗茨鼓风机、液环压缩机
流体作用式		喷射泵	喷射式真空泵

泵的分类，一般按泵作用于液体的原理分为叶片式和容积式两大类，其特点见表 2-5。叶片式泵是由泵内的叶片在旋转时产生的离心力作用将液体吸入和压出；而容积式泵是由泵的活塞或转子在往复或旋转运动产生挤压作用将液体吸入和压出。叶片式泵又因泵内叶片结构形式不同分为离心泵、轴流泵和旋涡泵；容积式泵分为活塞泵和转子泵。

泵也常按其用途命名，如水泵、油泵、泥浆泵、砂泵、耐腐蚀泵、冷凝液泵等，或附以结构特点的名称如悬臂式水泵、齿轮油泵、螺杆油泵及立式、卧式泵等。但从作用原理方面来划分，它们仍属于两大类中的一种类型。

此外，喷射泵是由一工作介质为动力，它在泵内将位能传递给被抽送的介质，从而达到增压和输送的目的。由于它无运转部件，结构简单，操作方便，已广泛用于真空系统抽气。

2.3.1　工业常用泵

2.3.1.1　离心泵

常用离心水泵有 B 型和 BA 型泵，该泵为单级；单吸悬臂式离心泵，可吸送清水及物理化学性质类似于水的液体。

离心泵装置如图 2-33 所示，叶轮 3 安装在泵壳 2 内，并紧固在泵轴 5 上；泵轴由电机直接带动，泵壳中央的吸入口与吸入管 4 相连，泵壳旁侧的排出口与排出管 1 相连。

离心泵启动前，应先向泵内充液，使泵壳和吸入管路充满被输送液体。启动后，泵轴带动叶轮高速旋转，叶片间的液体也随之做圆周运动。同时，在离心力的作用下，液体又由叶轮中心向外缘做径向运动。液体在此运动过程中获得能量，使静压能和动能均有所提高。液体离开叶轮进入泵壳后，由于泵壳中流道逐渐

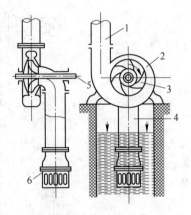

图 2-33　离心泵装置
1—排出管；2—泵壳；3—叶轮；
4—吸入管；5—泵轴；6—底阀

加宽，流速逐渐降低，又将一部分动能转变为静压能，使液体的静压能进一步提高，最后由出口以高压沿切线方向排出。当液体从叶轮中心流向外缘后，叶轮中心呈现低压，贮槽内液体在其液面与叶轮中心压力差的作用下进入泵内，再由叶轮中心流向外缘。叶轮如此连续旋转，液体便会不断地吸入和排出，达到输送的目的。

最普通的清水泵是单级单吸式，系列代号为 IS，其结构如图 2-34 所示。图 2-35 为离心清水泵的外形。

各类离心泵的型号已实现了标准化，并依照用途的不同实现了系列化，以一个或几个汉语拼音字母作为系列代号。在每一系列内，又有各种不同的规格。我国常见的泵类产品型号的编制由四个部分组成，其组成方式如下：

Ⅰ - Ⅱ - Ⅲ - Ⅳ

Ⅰ通常代表泵的吸入口直径，是用"mm"为单位的阿拉伯数字表示，如 80、100 等。但老产品用英寸"in"表示，即吸入口直径被 25 除后的整数，如 3、4、6 等。

Ⅱ代表泵的基本结构、特征、用途及材料等，用汉语拼音字母的字首标注，具体意义见表 2-6。

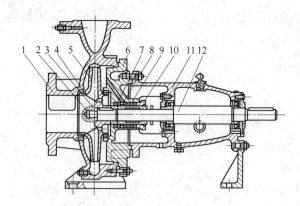

图 2-34 IS 型离心泵结构简图

1—泵体；2—叶轮螺母；3—止动垫圈；4—密封环；5—轮；6—泵盖；7—轴盖；
8—填料环；9—填料；10—填料压盖；11—悬架轴承部位；12—泵轴

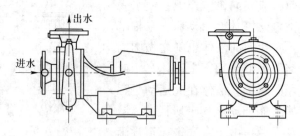

图 2-35 IS 型泵外形图

表 2-6 部分离心泵的形式及代号

泵的形式	代号	泵的形式	代号
单级单吸离心泵	IS（B）	卧式凝结水泵	NB
单级双吸离心泵	S（Sh）	立式凝结水泵	NL
分段式多级离心泵	D	立式堆积筒袋型离心式凝结水泵	LDTN
分段式多级筒形离心泵	DL	卧式疏水泵	NW
立式多级离心泵首级双吸	DS	单吸离心式油泵	Y
分段式锅炉多段离心泵	DG	筒形离心式油泵	YT
圆筒形双壳体多级卧式离心泵	YG	单级单吸卧式离心灰渣泵	PH
中开式多级离心泵	DK	液下泵	FY
中开式多级离心泵首级双吸	DKS	长轴离心式深井泵	JC
前置泵（离心泵）	GQ	井用潜水泵	QJ
多级前置泵（离心泵）	DQ	单级单吸耐腐蚀离心泵	IH
热水循环泵	R	高扬程卧式耐腐蚀污水泵	WGF

Ⅲ代表离心泵的扬程及级数，单级扬程用以"mH₂O"为单位的阿拉伯数字表示；若为多级泵，另外标级数，总扬程为这两个数的乘积。

Ⅳ代表离心泵的变形产品，用英文字母 A、B、C 表示。

例如：3S33A 表示吸入口直径 3in，即 75mm，扬程 33mH₂O，叶轮经第一次切割的单级双吸悬臂式离心水泵。80Y100×2A 表示吸入口径为 80mm，单吸离心式油泵，单级额定扬程为 100mH₂O，2 级，总扬程为 100×2＝200mH₂O，叶轮经第一次切割。

IS 型离心泵的型号编制中表示有吸入口、排出口和叶轮直径的大小，由五个部分组成，组成方式如下：

$$Ⅰ-Ⅱ-Ⅲ-Ⅳ-Ⅴ$$

Ⅰ代表离心泵的形式，用符号"IS"表示。

Ⅱ代表离心泵的吸入口直径，以"mm"为单位，用阿拉伯数字表示。

Ⅲ代表离心泵的排出口直径，以"mm"为单位，用阿拉伯数字表示。

Ⅳ代表离心泵的叶轮名义直径（公称直径），以"mm"为单位，用阿拉伯数字表示。

Ⅴ代表离心泵的变形产品，用英文字母 A、B、C 表示。

例如：IS65-50-160A，单级单吸离心泵，吸入口直径 65mm，排出口直径 50mm，叶轮名义直径 160mm，叶轮外径第一次切割。

2.3.1.2 液下泵

液下泵在生产中作为一种工业过程泵或流程泵有着广泛的应用，液下泵经常安装在液体贮槽内（见图 2-36），对轴封要求不高，适于工业过程中输送各种腐蚀性液体。

2.3.1.3 屏蔽泵

屏蔽泵是一种无泄漏泵，它的叶轮和电机连为一个整体并密封在同一泵壳内，不需要轴封装置，又称为无密封泵，如图 2-37 所示。

2.3.1.4 往复泵

往复式泵是往复工作的容积式泵，它是依靠活塞（或柱塞）的往复运动周期性地改变泵腔容积的变化，将液体吸入与压出。

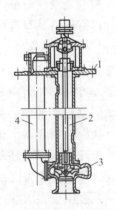

图 2-36 液下泵
1—安装平板；2—轴套管；
3—泵体；4—压出导管

往复泵装置如图 2-38 所示。它由泵缸、活塞、活塞杆、吸入阀、排出阀及传动机构等组成，其中吸入阀和排出阀均为单向阀。

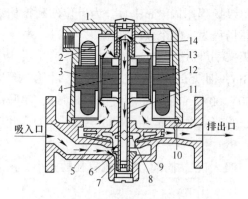

图 2-37 管道式屏蔽泵

1—电机机壳；2—定子屏蔽套；3—定子；4—转子；
5—闭式叶轮；6、13—止推盘；7—下部轴承；8—止推垫圈；
9—泵体；10—O 形环；11—轴；12—转子屏蔽套；14—上部轴承

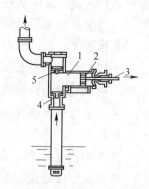

图 2-38 往复泵装置

1—泵缸；2—活塞；3—活塞杆；
4—吸入阀；5—排出阀

活塞由曲柄连杆机构带动做往复运动。当活塞自左向右移动时，泵缸内容积增大而形成低压，吸入阀被泵外液体压力作用而推开，将液体吸入泵缸，排出阀则受排出管内液体压力而关闭；当活塞自右向左移动时，因活塞的挤压使泵缸内的液体压力升高，吸入阀受压而关闭，排出阀受压而开启，从而将液体排出泵外。往复泵正是依靠活塞的往复运动吸入并排出液体，完成输送液体的目的。由此可见，往复泵给液体提供能量是靠活塞直接对液体做功，使液体的静压力提高。

往复泵的流量仅与泵特性有关，而提供的压头只取决于管路状况，这种特性称为正位移特性，具有这种特性的泵称为正位移式泵。

2.3.1.5 计量泵

计量泵是往复泵的一种，其结构如图 2-39 所示。它是通过偏心轮将电机的旋转运动变为柱塞的往复运动。偏心轮的偏心距可以调整，以改变柱塞的冲程，从而控制和调节流量。若用一台电动机同时带动几台计量泵，可使每台泵的液体按一定比例输出，故这种泵又称为比例泵。

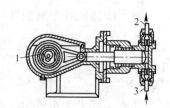

图 2-39 计量泵

1—偏心轮；2—排出口；
3—吸入口

计量泵适用于要求输送量十分准确的液体或几种液体按比例输送的场合。

2.3.1.6 轴流泵

轴流泵的简单构造如图 2-40 所示。转轴带动轴头转动，轴头上装有叶片 2；液体顺箭头方向进入泵壳，经过叶片，然后又经过固定于泵壳的导叶 3 流入压出管路。

叶片本身做等角速度旋转运动，而液体沿半径方向角速度不等，显然，两者在圆周方向必然存在相对运动。也就是说，液体以相对速度逆旋转方向对叶片做绕流运动。正是这一绕流运动在叶轮两侧形成压差，产生输送液体所需要的压头。

轴流泵提供的压头一般较小，但输液量很大，特别适用于大流量、低压头的流体输送。

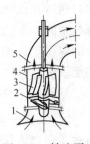

图 2-40 轴流泵

1—吸入室；2—叶片；
3—导叶；4—泵体；
5—出水弯管

2.3.1.7 隔膜泵

隔膜泵实际上就是活柱往复泵，是借助弹性薄膜将活柱与被输送的液体隔开，这样当输送腐蚀性液体或悬浮液时，可不使活柱和缸体受到损伤。隔膜是采用耐腐蚀橡皮或弹性金属薄片制成。图 2-41 中隔膜左侧所有和液体接触的部分均由耐腐蚀材料制成或涂有耐腐蚀物质，隔膜右侧则充满油或水。当活柱做往复运动时，迫使隔膜交替地向两边弯曲，将液体吸入和排出。

2.3.1.8 齿轮泵

齿轮泵的结构如图 2-42 所示。泵壳为椭圆形，其内有两个齿轮，一个是主动轮，由电动机带动旋转；另一个为从动轮，与主动轮相啮合向相反的方向旋转。吸入腔内两轮的齿互相拨开，于是形成低压而吸入液体。吸入的液体封闭于齿穴和壳体之间，随齿轮旋转而使其排出腔。排出腔内两轮的齿互相合拢，形成高压而排出液体。

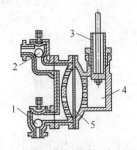

图 2-41 隔膜泵

1—吸入活门；2—压出活门；
3—活柱；4—水（或油）缸；5—隔膜

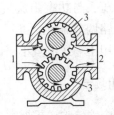

图 2-42 齿轮泵

1—吸入口；2—排出口；3—齿轮

齿轮泵的流量小、压头高，适于输送黏稠液体甚至膏状物料，但不宜输送含有固体颗粒的悬浮液。

2.3.1.9 螺杆泵

螺杆泵由泵壳和一个或多个螺杆构成。图 2-43 所示为单螺杆泵，其工作原理是靠螺杆在具有内螺旋的泵壳中偏心转动，将液体沿轴向推进，最后挤压到排

出口而排出。此外，还有双螺杆泵、三螺杆泵等，多
螺杆泵的工作原理与齿轮泵相似，依靠螺杆间互相啮
合的容积变化来排送液体。当所需的压头较高时，可
采用较长的螺杆。螺杆泵适用于高黏度液体的输送。

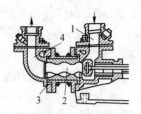

图 2-43 螺杆泵
1—吸入口；2—螺杆；
3—泵壳；4—压出口

2.3.1.10 旋涡泵

旋涡泵是一种特殊类型的离心泵，其结构如图 2-44
所示。它也是由叶轮与泵壳组成，其泵壳呈圆形，叶
轮为一圆盘，四周铣有凹槽，呈辐射状排列。泵的入
口与排出口由与叶轮间隙极小的间壁隔开。与离心泵
的工作原理相同，旋涡泵也是借离心力的作用给液体提供能量。当叶轮在泵壳内
旋转时，泵内液体随叶轮旋转的同时又在引水道与各叶片之间做反复的迂回运
动，因而被叶片拍击多次，获得较高能量，压头较高。

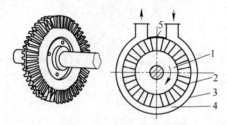

图 2-44 旋涡泵
1—叶轮；2—叶片；3—泵壳；4—引水道；5—吸入口与排出口的间壁

旋涡泵的压头与功率随流量的增加而减少，因而启动旋涡泵时应全开出口
阀，并采用旁路调节流量。

旋涡泵适用于输送流量小、压头高且黏度不高的清洁液体。

2.3.2 泵适用场合

化工装置中液体输送机械大多数选用离心泵，在某些条件下，也选用旋涡泵
和容积式泵。泵的特性见表 2-7。

离心泵适用条件：

（1）介质运动黏度（输送温度下），不宜大于 $6.5×10^{-4} m^2/s$，否则泵效率降
低很多；

（2）流量小、扬程高的不宜选用一般离心泵，可考虑选用高速离心泵；

（3）介质中溶解或夹带气体量大于 5%（体积分数）时，不宜选用离心泵；

（4）要求流量变化大、扬程变化小者选用平坦的 $Q-H$ 曲线离心泵，要求流
量变化小、扬程变化大者宜选用陡降的 $Q-H$ 曲线离心泵；

（5）介质中含有固体颗粒在3%以下的，宜选用一般离心泵，超过3%时要选用特殊结构离心泵。

旋涡泵适用条件：

（1）介质黏度（输送温度下）不大于7Pa·s、温度不大于100℃、流量较小、扬程较高，*Q-H*曲线要求较陡的，可选用旋涡泵；

（2）介质中夹带气体大于5%（体积分数）宜选用旋涡泵；

（3）要求自吸时可选用WZ型旋涡泵。

容积式泵适用条件：

（1）介质黏度（输送温度下）在0.3~120Pa·s的可选用3GN型高黏度三螺杆泵；

（2）夹带或溶解气体大于5%（体积分数）时，可选用容积式泵；

（3）流量较小、扬程高的宜选用往复泵；

（4）介质润滑性能差的不应选用转子泵，可选用往复泵。

表2-7 泵的特性

指 标	叶 片 式			容 积 式	
	离心式	轴流式	漩涡式	活塞式	回转式
液体排出状态	流率均匀			有脉动	流率均匀
液体品质	均一液体（或含固体液体）	均一液体	均一液体	均一液体	均一液体
允许吸上真空高/m	4~8		2.5~7.0	4~5	4~5
扬程（或排出压力）	不易达到高压头	压头低	较高，单级可达100m以上	排出压力较高	
体积流量/m³·h⁻¹	流量范围大，流量低至5m³/h，高可达30000m³/h	流量大，流量可达60000m³/h	流量较小，0.4~20.0m³/h	流量范围大，1~600m³/h	
流量与扬程的关系	流量减小扬程增大；反之，流量增加扬程降低	同离心泵	同离心泵；但增率和降率较大（即曲线较陡）	流量增减，排出压力不变；压力增加，流量为定值（原动机恒速）	
构造特点	转速高，体积小，运转平稳，基础小，设备维修较易		与离心泵基本上相同，翼轮较离心式叶片结构简单，制造成本低	转速低，能力（排量）小，设备外形庞大，基础大，与原动机连接较复杂	同离心式

指 标	叶 片 式			容积式	
	离心式	轴流式	漩涡式	活塞式	回转式
流量与轴功率的关系	依泵比转速而定。离心式泵当流量减少时，轴功率减少	依泵比转速而定。轴流式泵当流量减少时，轴功率增加	流量减少，轴功率增加	当排出压力一定时，流量减少，轴功率减少	同活塞式

2.3.3 气体输送机械

气体输送机械的结构和原理与液体输送机械大体相同。但是，气体具有可压缩性和比液体小得多的密度，从而使气体输送具有某些不同于液体输送的特点。

气体因具有可压缩性，故在输送机械内部气体压强发生变化的同时，体积和温度也将随之发生变化，这些变化对气体输送机械的结构、形状有很大影响。因此，气体输送机械除按其结构和作用原理进行分类外，还根据它能产生的进、出口压强差（如进口压强为大气压，则压差即为表压计的出口压强）或压强比（称为压缩比）进行分类。

(1) 通风机：出口压强（表压）不大于15kPa，压缩比为1.00~1.15。

(2) 鼓风机：出口压强（表压）为15.0kPa~0.3MPa，压缩比小于4。

(3) 压缩机：出口压强（表压）为0.3MPa以上，压缩比大于4。

(4) 真空泵：用于减压，出口压强为0.1MPa，其压缩比由真空度决定。

2.3.3.1 通风机

工业上常用的通风机有轴流式和离心式两类。

A 轴流式通风机

轴流式通风机的结构与轴流泵类似，如图2-45所示。轴流式通风机排送量大，但所产生的风压很小，一般只用来通风换气，而不用来输送气体。化工生产中，在空冷器和冷却水塔的通风方面，轴流式通风机的应用较广。

B 离心式通风机

离心式通风机的工作原理与离心泵完全相同，其构造与离心泵也大同小异。图2-46所示为一低压离心式通风机及叶轮。对于通风机，习惯上将压头表示成单位体积气体所获得的能量，与压强相同，所以风机的压头称为全压（又称为风压）。根据所产生的全压大小，离心式通风机又可分为低压、中压、高压离心式通风机。

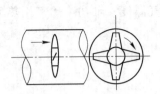

图 2-45　轴流式通风机

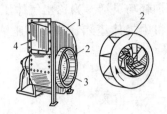

图 2-46　离心式通风机及叶轮

1—机壳；2—叶轮；3—吸入口；4—排出口

离心式通风机的型号编制通常由名称、型号、机号、传动方式、旋转方向、出风口、位置等六部分内容组成。

离心式通风机型号组成如下：（1）（2）-（3）-（4）（5）（6）（7）（8）。

（1）用途：G 为送风机，Y 为引风机，无符号为一般通风机，M 为排粉风机。

（2）最佳工况点的压力系数乘以 10 取整后的数值。

（3）比转数除以 10。

（4）进风形式，"1"为单吸，"2"为双吸。

（5）设计顺序号。

（6）机号：叶轮外径（dm）。

（7）传动方式。

（8）旋转方向出风口位置。例如：Y4-13.2（4-73）-21No28F 右 180°，表示锅炉引风机，全压系数为 0.4，比转数值 132，双吸叶轮，第一次设计，叶轮外径 28dm，F 型传动方式（单吸、双支架联轴器传动），旋转方向为右旋且出风口位置是 180°。

C　旋转式鼓风机

旋转式鼓风机形式较多，最常用的是罗茨鼓风机，其工作原理与齿轮泵相似，如图 2-47 所示。机壳内有两个特殊形状的转子，常为腰形或三星形，两转子之间、转子与机壳之间的缝隙很小，使转子能自由转动而无过多泄漏。两转子的旋转方向相反，使气体从机壳一侧吸入，另一侧排出。如改变转子的旋转方向，可使吸入口与排出口互换。

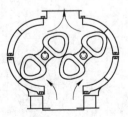

图 2-47　罗茨鼓风机

2.3.3.2　压缩机

往复式压缩机的构造、工作原理与往复泵相似，也是依靠活塞的往复运动将气体吸入与压出。但由于气体的密度小、可压缩，因此往复压缩机的吸入阀和排出阀应更加轻巧灵活，为移出气体压缩放出的热量，必须附设冷却装置。此外，往复压缩机中气体压缩比较高，压缩机的排气温度、轴功率等需用热力学知识解决。

2.3.3.3 真空泵

A 水环真空泵

水环真空泵的外壳呈圆形，其内有一偏心安装的叶轮，叶轮上有辐射状叶片，如图 2-48 所示。泵壳内注入一定量的水，当叶轮旋转时，借离心力的作用将水甩至壳壁形成水环。水环具有密封作用，使叶片间的空隙形成许多大小不同的密封室。随叶轮的旋转，在右半部，密封室体积由小变大形成真空，将气体从吸入口吸入；旋转到左半部，密封室体积由大变小，将气体从排出口压出。

水环真空泵属于湿式真空泵，吸气时允许夹带少量的液体，真空度一般可达 83kPa。若将吸入口通大气，排出口与设备或系统相连时，可产生低于 98kPa（表压）的压缩空气，故又可作低压压缩机使用。真空泵在运转时要不断充水，以维持泵内的水环液封，同时冷却泵体。

水环真空泵的结构简单、紧凑，制造容易，维修方便，适用于抽吸有腐蚀性、易爆炸的气体。

B 液环真空泵

液环真空泵又称为纳氏泵，在化工生产中应用很广，其结构如图 2-49 所示。液环泵外壳呈椭圆形，其中装有叶轮，叶轮带有很多爪形叶片。当叶轮旋转时，液体在离心力作用下被甩向四周，沿壁成一椭圆形液环。壳内充液量应使液环在椭圆短轴处充满泵壳与叶轮的间隙，而在长轴方向上形成两个月牙形的工作腔。和水环泵一样，工作腔也是由一些大小不同的密封室组成的。但是，水环泵的工作腔只有一个，是由于叶轮的偏心造成的，而液环泵的工作腔有两个，是由于泵壳的椭圆形状形成的。

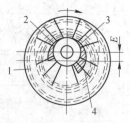

图 2-48 水环真空泵
1—水环；2—排出口；3—吸入口；4—叶轮

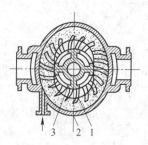

图 2-49 液环真空泵
1—叶轮；2—泵体；3—气体分配器

由于叶轮的旋转运动，每个工作腔内的密封室逐渐由小变大，从吸入口吸进气体，然后由大变小，将气体强行排出。液环泵除用作真空泵外，也可用作压缩机。

液环泵在工作时，所输送的气体不与泵壳直接接触。因此，只要叶轮采用耐腐蚀材料制造，液环泵便可输送腐蚀性气体。当然，泵内所充液体，必须不与气体发生化学反应。

C　旋片真空泵

旋片真空泵是旋转式真空泵的一种，如图 2-50 所示。当带有两个旋片 7 的偏心转子按箭头方向旋转时，旋片在弹簧 8 的压力及自身离心力的作用下，紧贴泵体内壁滑动，吸气工作室不断扩大，被抽气体通过吸气口 3 经吸气管 4 进入吸气工作室；当旋片转至垂直位置时，吸气完毕，此时吸入的气体被隔离。转子继续旋转，被隔离的气体逐渐被压缩，压强升高。当压强超过排气阀片 2 上的压强时，则气体经排气管 5 顶开排气阀片 2，通过油液从泵排气口 1 排出。泵在工作过程中，旋片始终将泵腔分成吸气、排气两个工作室，转子每旋转一周，有两次吸气、排气过程。

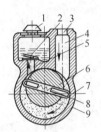

图 2-50　旋片真空泵

1—排气口；2—排气阀片；3—吸气口；4—吸气管；5—排气管；
6—转子；7—旋片；8—弹簧；9—泵体

旋片泵可达到较高的真空度，抽气速率比较小，适用于抽除干燥或含有少量可凝性蒸气的气体；不适宜用于抽除含尘和对润滑油起化学作用的气体。

D　喷射泵

喷射泵属于流体作用式输送设备，是利用流体流动过程中动能与静压能的相互转换来吸送流体，它既可用于吸送液体，也可用于吸送气体。在化工生产中，喷射泵用于抽真空时，称为喷射式真空泵。

喷射泵的工作流体可以是蒸汽，也可以是水，前者称为蒸汽喷射泵，后者称为水喷射泵。图 2-51 所示为单级蒸汽喷射泵，当工作蒸汽在高压下以高速从喷嘴喷出时，在喷嘴口处形成低压而将气体由吸入口吸入。吸入的气体与工作蒸汽混合后进入扩散管，速度逐渐降低，压力随之升高，最后从压出口排出。

单级蒸汽喷射泵仅能达到 90% 的真空度，为了达到更高的真空度，需采用多级蒸汽喷射泵。

喷射泵的优点是结构简单、制造方便、无运动部件、抽吸量大；缺点是效率低，且工作流体消耗量大。

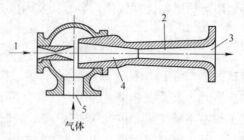

图 2-51 单级蒸汽喷射泵
1—蒸汽入口；2—扩散管；3—压出口；4—混合室；5—气体吸入口

3　能源化工常用设备

　　化工设备是能源化工生产必不可少的物质基础，是生产产品质量保证的重要组成部分。化工生产过程复杂，工艺条件苛刻，生产过程具有连续性和自动化程度高等特点。化工生产所用介质大多易燃、易爆，有毒，腐蚀性强。因此要求化工设备既能安全可靠运行，满足工艺过程的要求，还应具有较高的技术经济指标，同时要求便于操作与维护等。

　　根据化工设备的结构特征和用途，它们可分为容器、塔设备、换热器、化学反应器（包括各种反应釜、固定床或液态化床）和分离设备等。

　　（1）容器：化工生产工艺中所用设备的外壳称为容器。

　　（2）塔设备：这类设备主要用于吸收、蒸馏、萃取等化工单元操作，实现质量传递，如炼油厂的常压蒸馏塔、石油化工厂的乙烯精馏塔、化肥厂的脱碳塔等。由于其高度比直径大得多，外形像塔，故称为塔设备。

　　（3）换热器：这类设备主要用于物料被加热与冷却，使两种不同温度的物料经过一定的传热表面（间壁式的，或混合式的）实现热量的交换，所以这类设备又称为换热设备。

　　（4）化学反应器：这是化工厂中主要设备之一，几种物料在其中发生化学反应，生成新的产物，如苯乙烯聚合塔、氨合成塔等，这类设备又称为化学反应设备。

　　（5）分离设备：这类设备主要是从混合物中分离某一种所需要的组分，或除去其中某些有害的杂质。对于液-液、液-气、气-气分离一般采用塔设备；对于液体悬浮着的固体微粒，可采用沉降或过滤设备；对于气体悬浮着的固体微粒或液体微粒，可采用旋风分离器及除沫器来分离。

　　化工设备按结构材料分为金属设备（碳钢、合金钢、铸铁、铝、铜等）、非金属设备（陶瓷、玻璃、塑料、木材等）和非金属材料衬里设备（衬橡胶、塑料、耐火材料及搪瓷等），其中碳钢设备最为常用。

　　按受力情况分为外压设备（包括真空设备）和内压设备，内压设备又分为常压设备、低压设备、中压设备、高压设备和超高压设备。

　　本章主要介绍最常用的容器、换热设备和塔设备。

3.1　容　器

3.1.1　容器结构

在化工厂中，可以看到许多设备。在这些设备中，有的用来贮存物料，例如各种储罐、计量罐、高位槽，有的进行物理过程，例如换热器、蒸馏塔、沉降器、过滤器；有的用来进行化学反应，例如缩聚釜、反应器、合成炉。这些设备虽然尺寸大小不一，形状结构不同，内部构件的形式更是多种多样，但是它们都有一个外壳，这个外壳称为容器。所以，容器是化工生产所用各种设备外部壳体的总称。

容器一般是由筒体（又称为壳体）、封头（又称为端盖）、法兰、支座、接口管及人孔、手孔、视镜等组成，如图 3-1 所示。

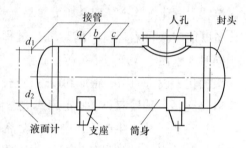

图 3-1　容器

3.1.2　化工容器分类

对化工容器及设备有各种不同的分类方法，常用的分类方法有以下几种。

3.1.2.1　容器形状

常见的容器形状主要有方形或矩形、球形和圆筒形三种。

（1）方形或矩形容器。由平板焊成，制造简便，但承压能力差，故只用作小型常压贮槽。

（2）球形容器。由数块弓形板拼焊成，承压能力好，一般用作储罐。

（3）圆筒形容器。由圆柱形筒体和各种成型封头（半球形，椭圆形，碟形，锥形）组成，作为容器主体的圆柱形筒体，制造容易，安装内件方便，而且承压能力较好，因此这类容器应用最广泛。

3.1.2.2　承压性质

按承压性质可将容器分为内压容器与外压容器两类。当容器内部介质压力大于外界压力时为内压容器；反之，容器外部压力大于内部介质压力，则为外压容器。

内压容器按其所能承受的工作压力，可划分为中、低压容器与高压容器两类。容器内部介质的压力大于外部压力，设计时主要考虑强度问题，内压容器又可按设计压力大小分为四个压力等级。

（1）低压（代号 L）容器：0.1MPa≤p<1.6MPa。

（2）中压（代号 M）容器：1.6MPa≤p<100MPa。

（3）高压（代号 H）容器：10.0MPa≤p<100MPa。

（4）超高压（代号 U）容器：p≥100MPa。

高压容器的选材和制造技术及检验要求较中、低压容器为高。外压容器中，当容器的内压小于一个绝对大气压（约0.1MPa）时又称为真空容器。

3.1.2.3　结构材料

从制造容器所用的材料来看，容器有金属制造的和非金属制造的。

金属容器中，目前应用最多的是用低碳钢和普通低合金钢制造的。在腐蚀严重或产品纯度要求高的场合，使用不锈钢、不锈复合钢板或铝制容器。在深冷操作中，可用铜或铜合金。不承压的塔节或容器，可用铸铁。表3-1为常用钢材容器零部件选用举例。

表 3-1　常用钢材容器零部件选用举例

序号	化工容器及设备零部件名称	公称压力/MPa	使用钢材	
			<300℃	300~400℃
1	容器壳体及封头	1 以下	A_3、A_3R、16MnR	20g、16MnR
		1.6、2.5	A_3R、16MnR	16MnR
		4.0、6.4	16MnR、15MnVR	16MnR、15MnVR
2	管板	1.0~6.4	16Mn（锻件）	16Mn（锻件）、12CrMo
3	接口、换热管	0.25~6.40	10 号钢、20 号钢	16Mn、15MnV
4	法兰	1 以下	ZG25I、A_3	16Mn
		1.6、2.5	16Mn	16Mn
		4.0、6.4	16Mn、15MnV	16Mn、15MnV
5	螺栓、双头螺栓	2.5	A_3、40MnB	40MnB
		4.0、6.4	35 号钢、40MnB	40MnB、35CrMoA
6	螺母	0.25~6.40	A_3、A_4、35 号钢	
7	支座		A_3F	

非金属材料既可作为容器的衬里，又可作为独立的构件，常用的有硬聚氯乙烯、玻璃钢、不透性石墨、化工搪瓷、化工陶瓷及砖、板、橡胶衬里。

3.1.2.4　按原理与作用分类

根据化工容器在生产工艺过程中的作用，可分为反应容器、换热容器、分离容器、储存容器。

（1）反应容器主要是用于完成介质的物理、化学反应的容器，如反应器、反应釜、聚合釜、合成塔、蒸压釜、煤气发生炉等。

（2）换热容器主要是用于完成介质热量交换的容器，如管壳式余热锅炉、热交换器、冷却器、冷凝器、蒸发器、加热器等。

（3）分离容器主要是用于完成介质流体压力平衡缓冲和气体净化分离的容器，如分离器、过滤器、蒸发器、集油器、缓冲器、干燥塔等。

（4）储存容器主要是用于储存与盛装气体、液体、液化气体等介质的容器，如液氨储罐、液化石油气储罐等。

3.1.2.5 按支撑形式分类

当容器采用立式支座支撑时称为立式容器，用卧式支座支撑时称为卧式容器。

3.1.2.6 按壁温分类

（1）常温容器：工作壁温在-20~200℃。

（2）高温容器：指壁温达到材料蠕变温度的容器。对于碳钢或低合金钢容器，温度超过420℃，合金钢（Cr-Mo钢）超过450℃，奥氏体不锈钢超过550℃。

（3）中温容器：壁温介于常温和高温之间。

（4）低温容器：在壁温低于-20℃条件下工作的容器。-40~-20℃的为浅冷容器，低于-40℃的为深冷容器。

3.1.3 常用容器通用结构

常用容器结构如图3-2所示。

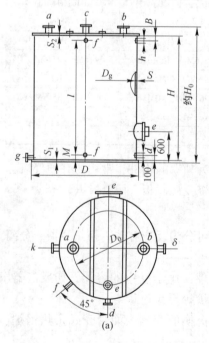

(a)

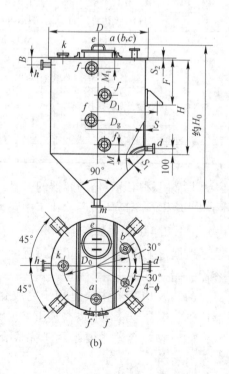

(b)

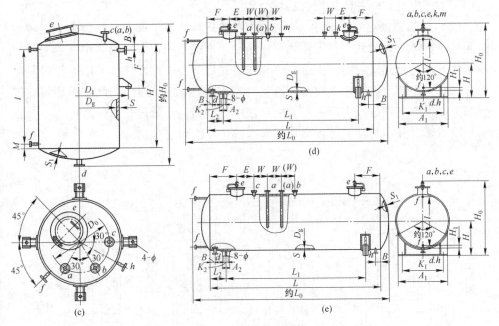

图 3-2 常用容器结构

（a）立式平底平盖容器；（b）立式平底锥盖容器；（c）立式椭圆形封头容器；
（d）卧式椭圆形封头容器；（e）卧式无折边球形封头容器

3.2 换 热 器

换热器是化工、石油、动力、食品及其他许多工业部门的通用设备，在生产中占有重要地位。生产中，换热器可作为加热器、冷却器、冷凝器、蒸发器和再沸器等，应用广泛。

3.2.1 换热器的分类

换热器按照换热方式的不同可以分为直接接触式换热器、蓄热式换热器、间壁式换热器三大类。

（1）直接接触式换热器。这类换热器是利用冷、热两种流体直接接触，在相互混合的过程中进行换热，因此这类换热器又称为混合式换热器，如目前工业上广泛应用的冷水塔（凉水塔）、造粒塔、气流干燥装置、流化床等。为增加两种流体的接触面积，以达到充分换热，在换热器中常放置填料和栅板，有时也可把液体喷成细滴，此类设备通常做成塔状，如图 3-3 所示。直接接触式换热器具有传热效率高、单位容积提供的传热面积大、结构简单、价格便宜等优点，但仅适用于工艺上允许两种流体混合的场合。

（2）蓄热式换热器。如图3-4所示为蓄热式换热器。这类换热器中，热传递是通过蓄热体来完成的。首先让热流体通过，把热量积蓄在蓄热体中，然后再让冷流体通过，把热量带走。由于冷热流体是先后交替通过蓄热体，因此不可避免地存在着一小部分流体相互掺和的现象，造成流体的"污染"，此过程是间歇进行的，如果要实现连续生产就需要成对使用，即当一个通过热流体时，另一个则通过冷流体，并靠自动阀进行交替切换，使生产得以连续进行。

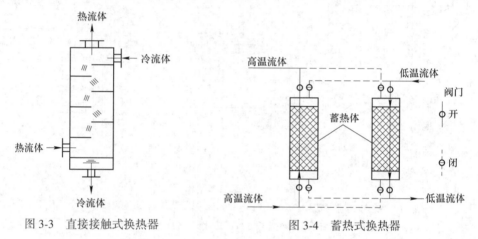

图 3-3   直接接触式换热器   图 3-4   蓄热式换热器

蓄热式换热器结构简单、价格便宜、单位体积降热面大，故较适合用于气-气热交换的场合。

（3）间壁式换热器。这类换热器是利用间壁将进行热交换的冷、热流体隔开，互不接触，热量由热流体通过间壁传递给冷流体。这种形式的换热器使用最广泛，常见的有管式换热器和板面式换热器。本节主要介绍间壁式换热器的类型。

3.2.2   间壁式换热器的类型

3.2.2.1   夹套式换热器

夹套式换热器是在容器外壁安装夹套制成（见图3-5），结构简单，但其加热面受容器壁面限制，传热系数也不高。为提高传热系数且使釜内液体受热均匀，可在釜内安装搅拌器。当夹套中通入冷却水或无相变的加热剂时，也可在夹套中设置螺旋隔板或其他增加湍动的措施，以提高夹套一侧的给热系数。为补充传热面的不足，也可在釜内部安装蛇管。

夹套式换热器广泛用于反应过程的加热和冷却。

3.2.2.2 沉浸式蛇管换热器

沉浸式蛇管换热器是将金属管弯绕成各种与容器相适应的形状（见图3-6），并沉浸在容器内的液体中。蛇管换热器的优点是结构简单，能承受高压，可用耐腐蚀材料制造；缺点是容器内液体湍动程度低，管外给热系数小。为提高传热系数，容器内可安装搅拌器。

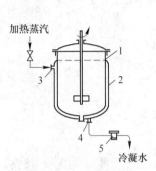

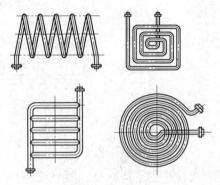

图 3-5　夹套式换热器

1—釜；2—夹套；3—蒸汽进口；

4—冷凝水出口；5—冷凝水排除器

图 3-6　蛇管换热器

3.2.2.3 喷淋式换热器

喷淋式换热器是将换热管成排地固定在钢架上（见图3-7），热流体在管内流动，冷却水从上方喷淋装置均匀淋下，故也称为喷淋式冷却器。喷淋式换热器的管外是一层湍动程度较高的液膜，管外给热系数较沉浸式的增大很多。另外，这种换热器大多放置在空气流通之处，冷却水的蒸发也带走一部分热量，可起到降低冷却水温度、增大传热推动力的作用。因此，和沉浸式换热器相比，喷淋式换热器的传热效果大有改善。

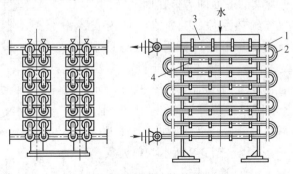

图 3-7　喷淋式换热器

1—直管；2—U 形管；3—水槽；4—齿形檐板

3.2.2.4　套管式换热器

套管式换热器是由直径不同的直管制成的同心套管，并由 U 形弯头连接而成，如图 3-8 所示。在这种换热器中，一种流体走管内，另一种流体走环隙，两者皆可得到较高的流速，故传热系数较大。另外，在套管式换热器中，两种流体逆流流动，对数平均推动力较大。

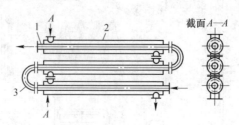

图 3-8　套管式换热器

1—内管；2—外管；3—U 形管

套管式换热器结构简单，能承受高压，应用方便（可根据需要增减管段数目）。套管式换热器同时具备传热系数大、传热推动力大，以及能够承受高压强的优点。

3.2.2.5　管壳式换热器

管壳式（又称为列管式）换热器是最典型的间壁式换热器，它在工业上的应用有着悠久的历史，至今仍在所有换热器中占据主导地位。管壳式换热器主要由壳体、管束、管板和封头等部分组成（见图 3-9），壳体多呈圆形，内部装有平行管束，管束两端固定于管板上。在管壳式换热器内进行换热的两种流体：一种在管内流动，其行程称为管程；另一种在管外流动，其行程称为壳程。管束的壁面即为传热面。

为提高管外流体给热系数，通常在壳体内安装一定数量的横向折流挡板。折流挡板不仅可防止流体短路、增加流体速度，还迫使流体按规定路径多次错流通过管束，使湍动程度大为增加，如图 3-10 所示。常用的挡板有圆缺形和圆盘形两种，如图 3-11 所示。

流体在管内每通过管束一次称为一个管程，每通过壳体一次称为一个壳程。图 3-9 所示为单壳程单管程换热器，通常称为 1-1 型换热器。为提高管内流体的

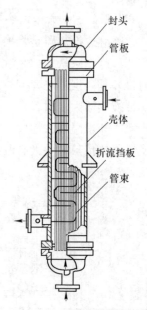

图 3-9　管壳式换热器

速度，可在两端封头内设置适当隔板，将全部管子平均分隔成若干组。这样，流

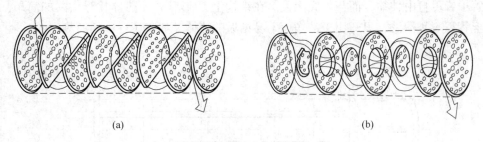

图 3-10 流体在折流板中流动

（a）圆缺形；（b）圆盘形

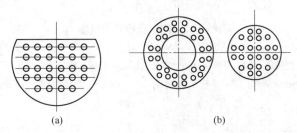

图 3-11 折流挡板的形式

（a）圆缺形；（b）圆盘形

体可每次只通过部分管子而往返管束多次，称为多管程。同样，为提高管外流速，可在壳体内安装纵向挡板使流体多次通过壳体空间，称为多壳程。

在管壳式换热器内，由于管内外流体温度不同，壳体和管束的温度也不同。如两者温差很大，换热器内部将出现很大的热应力，可能使管子弯曲，断裂或从管板上松脱。因此，当管束和壳体温度差超过 50℃ 时，应采取适当的温差补偿措施，消除或减小热应力。根据所采取的温差补偿措施，换热器可分为以下几种主要类型。

（1）固定管板式换热器。当冷、热流体温差不大时，可采用固定管板即两端管板与壳体制成一体的结构形式，如图 3-12 所示。这种换热器结构简单、成本低，但壳程清洗困难，要求管外流体必须是洁净而不易结垢的。当温差稍大而壳体内压力又不太高时，可在壳体壁上安装膨胀节以减小热应力。

（2）浮头式换热器。这种换热器中两端的管板有一端可以沿轴向自由浮动（见图 3-13），这种结构不但完全消除了热应力，而且整个管束可从壳体中抽出，便于清洗和检修。因此，尽管浮头式换热器结构比较复杂、造价也较高，但它仍然是应用较多的一种结构形式。

（3）U 形管式换热器。U 形管式换热器的每根换热管都弯成 U 形，进出口分别安装在同一管板的两侧，封头以隔板分成两室，如图 3-14 所示。这样，每根管子皆可自由伸缩，而与外壳无关。在结构上 U 形管式换热器比浮头式的简单，但管程不易清洗，只适用于洁净而不易结垢的流体，如高压气体的换热。

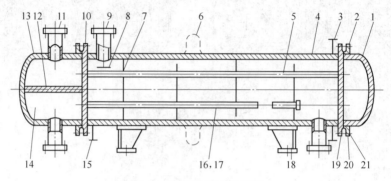

图 3-12 固定管板式换热器

1—封头；2—法兰；3—排气口；4—壳体；5—换热管；6—波纹膨胀节；7—折流板（或支持板）；
8—防冲板；9—壳程接管；10—管板；11—管程接管；12—隔板；13—封头；14—管箱；15—排液口；
16—定距管；17—拉杆；18—支架；19—垫片；20, 21—螺栓、螺母

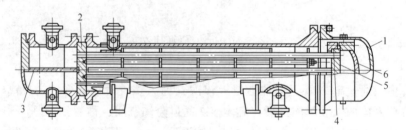

图 3-13 浮头式换热器

1—壳盖；2—固定管板；3—隔板；4—浮头法兰；5—浮动管板；6—浮头盖

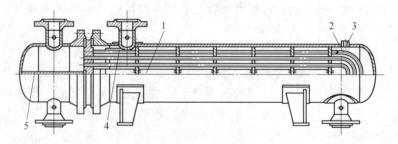

图 3-14 U 形管式换热器

1—中间挡板；2—U 形换热管；3—排气口；4—防冲板；5—分程隔板

3.2.2.6 各种板式换热器

板式换热表面可以紧密排列，因此各种板式换热器都具有结构紧凑、材料消

耗低、给热系数大的特点。这类换热器一般不能承受高压和高温，但对于压强较低、温度不高或腐蚀性强而须用贵重材料的场合，各种板式换热器都显示出更大的优越性。

A 螺旋板式换热器

螺旋板式换热器是由两张平行薄钢板卷制而成，在其内部形成一对同心的螺旋形通道。换热器中央设有隔板，将两螺旋形通道隔开。两板之间焊有定距柱以维持通道间距，在螺旋板两端焊有盖板，如图 3-15 所示。冷热流体分别由两螺旋形通道流过，通过薄板进行换热。

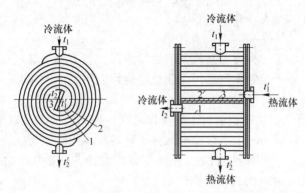

图 3-15 螺旋板式换热器
1，2—金属板；3—隔板

螺旋板式换热器由于离心力的作用和定距柱的干扰，流体湍动程度高，故给热系数大。由于离心力的作用，流体中悬浮的固体颗粒被抛向螺旋形通道的外缘而被流体本身冲走，故螺旋板式换热器不易堵塞，适于处理悬浮液体及高黏度介质。螺旋板式换热器中冷热流体可作纯逆流流动，因此传热平均推动力大。螺旋板式换热器结构紧凑，单位容积的传热面为管壳式的 3 倍，可节约金属材料。

B 板式换热器

板式换热器是由一组金属薄板，相邻薄板之间衬以垫片并用框架夹紧组装而成。图 3-16 所示为矩形板式换热器，其上四角开有圆孔，形成流体通道。冷热流体交替地在板片两侧流过，通过板片进行换热。通常压制成各种波纹形状，既增加刚度，又使流体分布均匀，加强湍动，提高给热系数。

板式换热器具有可拆结构，可根据需要调整板片数目以增减传热面积，故操作灵活性大，检修清洗也方便。

但板式换热器允许的操作压强和温度比较低，压强过高容易渗漏，操作温度受到垫片材料的耐热性限制。

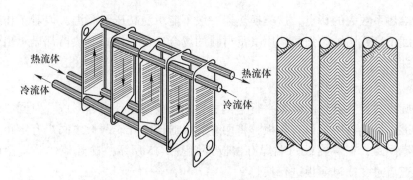

图 3-16 板式换热器

C 板翅式换热器

板翅式换热器是一种更为高效紧凑的换热器，过去由于制造成本较高，仅用于宇航、电子、原子能等少数部门，现在已逐渐应用于化工和其他工业，取得了良好效果。

如图 3-17 所示，在两块平行金属薄板之间，夹入波纹状或其他形状的翅片，将两侧面封死，即成为一个换热基本元件。将各基本元件适当排列（两元件之间的隔板是公用的），并用钎焊固定，制成逆流式或错流式板束。将板束放入适当的集流箱（外壳）就成为板翅式换热器。

板翅式换热器的结构高度紧凑，所用翅片的形状可促进流体的湍动，故其给热系数也很高。因翅片对隔板有支撑作用，板翅式换热器允许操作压强也较高。

D 板壳式换热器

板壳式换热器与管壳式换热器的主要区别是以板束代替管束，板束的基本元件是将条状钢板滚压成一定形状然后焊接而成，如图 3-18 所示。板束元件可以紧密排列、结构紧凑，单位容积提供的换热面为管壳式的 3.5 倍以上。

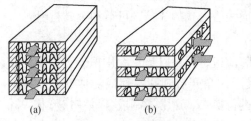

图 3-17 板翅式换热器的板束
（a）逆流；（b）错流

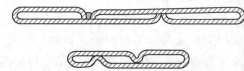

图 3-18 板壳式换热器的结构示意图

板壳式换热器不仅具有各种板式换热器结构紧凑、给热系数高的特点，而且结构坚固，能承受很高的压强和温度，较好地解决了高效紧凑与耐温抗压的矛盾。但是，板壳式换热器制造工艺复杂，焊接要求高。

3.3 塔 设 备

塔设备是石油、化工、医药、轻工等生产中的重要设备之一，工业设备中塔设备常用于气液传质过程。

3.3.1 化工塔设备的分类

塔设备按塔内件的结构分类，主要有板式塔和填料塔两大类。

板式塔（见图 3-19）是一种逐级（板）接触型的气液传质设备，塔内以塔板作为基本构件，气体以鼓泡或喷射的形式穿过塔板上的液层，气液两相密切接触达到气液两相总体逆流、板上错流的效果。气液两相的组分浓度沿塔高呈阶梯式变化。板式塔主要包括传统的筛板塔、泡罩塔、浮阀塔、舌片塔板、穿流塔板和各种改进型浮阀塔板、多种传质元件混排塔板和造成板上大循环的立体喷射塔板等。

填料塔（见图 3-20）内装填一定高度的填料，液体沿填料表面呈膜状向下流动，气体自下向上流动。气液两相在填料表面作逆流微分传质，组分浓度沿塔高呈连续变化。填料分段安装时，每段填料安放在支撑装置上，上段下行的液相通过液体收集装置和（再）分布器重新分布。填料塔主要包括规整填料和散装填料两大类。

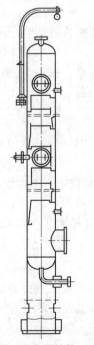

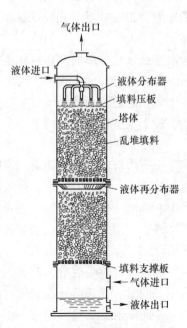

图 3-19　板式塔结构示意图　　　　图 3-20　填料塔的结构

塔板和填料复合型的塔内件类型很多，主要包括填料安装在塔板上方和塔板下方两大类。部分复合型塔板将填料安装在塔板下面，利用了塔板的分离空间，使气液两相进行二次传质，提高塔板的分离效率。另外，一些则将填料安装在塔板上面，起到细化气泡、增加泡沫层湍动的作用，可以降低雾沫夹带，提高传质效率。

无论是板式塔，还是填料塔，其主要结构都包括塔体、端盖、支座、接管、物料进出口、塔内附件和塔外附件等。

塔体是塔设备的外壳，其直径随处理量及操作条件而定。塔体支架是支撑塔体并与基础连接的部件，塔体常采用裙座支撑。接管用以连接工艺管线，使之与相关设备连成封闭的系统。接管包括物料进出口接管，进排气接管，侧线进出口管，安装检修用人孔、手孔接管，各种化工仪表接管等。塔体内件是完成工艺过程，保证产品质量的主要部件之一。内件包括塔盘、降液管、溢流堰、紧固件、支撑件和除沫器等，填料塔的内件还包括喷淋装置、填料、栅板和液体再分配器等。

3.3.2   板式塔

板式塔主要由塔体、塔板和气、液体进出口管等主要构件组成。

塔体为圆柱形壳体，内部装有若干块有一定间距的塔板。塔内液体在重力作用下，自上而下流经各层塔板，再由塔底排出。气体则经塔板上的小孔由下而上穿过塔板上的液层，再由塔顶排出。

为保证气液两相在塔板上充分接触和正常工作，塔板构件包括气相通道、溢流堰和降液管。

气相通道是供气相自下而上通过塔板的通道，一般是在塔板上均匀开有一定数量的孔道。气相通道的形式很多，对塔板性能的影响极大，各种形式塔板的主要区别就在于气相通道的形式不同。

为了使塔板上维持一定高度的液层，在每层塔板的出口端装有高出板面的溢流堰。

降液管是上下塔板间的液体通道。液体经上层塔板的降液管流下，横向流过开有气体通道的塔板，翻越溢流堰，进入本层塔板的降液管再流向下层塔板。降液管可为弓形、圆形，也可为矩形。根据液量和塔的直径大小，可以设置一根、两根或多根降液管。因为降液管的设置不同，液体在塔板上的溢流模式也不同，如图 3-21 所示。

在降液管的底部设置受液盘，起到接受上一层塔板下流的液体并使其水平入塔板的作用。同时，受液盘还起到液封的作用。受液盘上方的液层阻止了下一层塔板上的气体向降液管逃逸，迫使气体不走短路，而由筛孔鼓泡而上。受液盘有平盘和凹形盘两种，如图 3-22 所示。

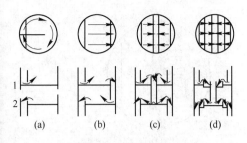

图 3-21　溢流方式

（a）U 形溢流；（b）单溢流；
（c）双溢流；（d）阶梯双溢流

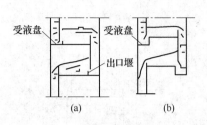

图 3-22　受液盘

（a）平盘；（b）凹形盘

　　对于板式塔，液体入口就是模拟上一层塔板的液体下流模式，往往只需一根直管或丁字形管。有时需要中间抽取液体，还要设置烟囱板，起到收集液体和从烟囱分流气体的作用。

　　板式塔的气体进口分布对底层塔板的操作工况有一定的影响。对于直径大于 3m 的大塔，进气的分布是否均匀对上一层塔板的正常运行影响较大。

3.3.3　塔板的类型

3.3.3.1　筛孔塔板

　　筛孔塔板简称为筛板，其结构简单，历史悠久，至今仍是应用最广泛的一种传质分离设备。

　　塔中气体从下而上，液体从上而下，总体上看筛板塔的气液流动是呈逆流的。对于带有降液管的筛板，筛板上的气液流动则是呈错流型的，即液体水平流过筛板板面，气体从下而上穿过塔板。液体通过降液管从一层筛板流入下一层筛板；气体穿过塔板上的筛孔鼓入液层，进行气液传质，然后上升到上一层筛板。筛板塔的整体结构如图 3-23 所示，筛板的结构和操作如图 3-24 所示。

　　筛孔是筛板上的鼓泡元件。筛孔直径可选范围较宽，为 3~25mm。清洁物系可以选小孔径，易堵物系则应选取大孔径。筛孔的排列方式可以是正三角形、等腰三角形或矩形。

3.3.3.2　泡罩塔板

　　泡罩塔是应用历史最长的一种气液传质设备。

　　泡罩塔板如图 3-25 所示。液体溢流方式和降液管的设置与一般塔板无异，鼓泡元件主要由升气管及泡罩构成。泡罩安装在升气管的上方，分圆形泡罩和条形泡罩两种。标准圆形泡罩，其结构形状和参数如图 3-26 所示，泡罩的下部裙边可为光边，也可开设齿缝。

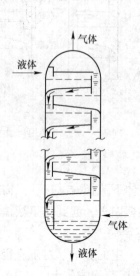

图 3-23 筛板塔的整体结构

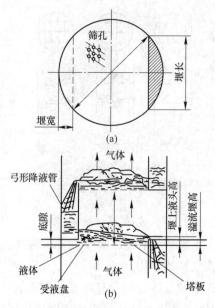

图 3-24 筛板的结构（a）和操作（b）

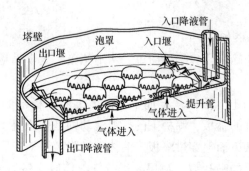

图 3-25 泡罩塔板

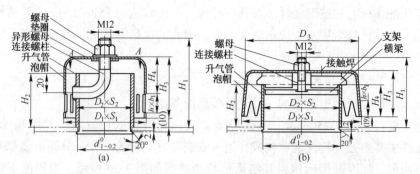

图 3-26 我国的标准圆形泡罩

（a）DN80mm 和 DN100mm 的标准圆形泡罩；（b）DN150mm 的标准圆形泡罩

由于升气管的结构特点，因此泡罩塔板是唯一一种无泄漏的塔板。

3.3.3.3 浮阀塔板

浮阀塔板是在塔盘上开阀孔，安置能上下浮动的阀件。由于浮阀与塔板之间流通面积能随气体负荷变动自动调节，因而在较宽的气体负荷范围内也能保持稳定操作。同时，气体以水平方向吹出，气液接触时间较长，雾沫夹带少，因此具有良好的操作弹性和较高的塔板效率，在工业生产中得到了较为广泛的应用。浮阀塔板根据浮阀的形状分为圆盘形浮阀、条形浮阀、其他特殊结构浮阀及固定阀。

A　圆形浮阀

圆形浮阀又称为 F1 型浮阀，具有操作弹性大、效率高等诸多优点，在工业生产中得到极为广泛的应用。随着塔设备技术不断进步，推出了许多新型的浮阀塔板：环形浮阀塔板（见图 3-27）、ADV 微分浮阀（见图 3-28）、高效锥形浮阀（见图 3-29）、导向圆浮阀（见图 3-30）、T 形盘形浮阀（见图 3-31）。这些新型浮阀改善了由于传统圆形浮阀阀盖上方无鼓泡区、使上方气液接触状况较差、塔板传质效率低，塔板上液面梯度较大、气体在液体流动方向上分布不均匀，以及塔板上液体返混程度较大的现象。

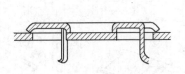

图 3-27　环形浮阀　　　　　图 3-28　ADV 微分浮阀

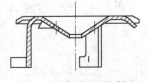
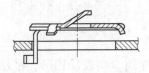
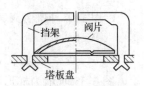

图 3-29　高效锥形浮阀　　　图 3-30　导向圆浮阀　　　图 3-31　T 形盘形浮阀

B　条形浮阀

条形浮阀的气体从两侧喷出，不像圆形浮阀从四周喷出，使塔板上的液体返混小于圆形类浮阀塔板，效率相对较高。条形浮阀具有不旋转，不易磨损，阀片不易卡死、脱落的特点。由于有更大的开孔率，因此提高了处理能力。

条形浮阀和传统圆形浮阀类似，因阀盖上方无鼓泡区，造成塔板传质效率降低。条形浮阀大多采用矩形阀腿，且前阀腿和后阀腿宽度一样，气流不能绕过前阀腿,阀前端存在传质死区。虽然其返混较圆形浮阀小,但对塔板弓形区的返混改进不大。由于长条形阀孔的四个锐角易形成严重的应力集中,因此易引起塔板的机械损坏。

目前具有导流性能的塔板在结构上主要有以下三种形式。

(1) 阀盖由传统的矩形进化为梯形、箭形或三角形,阀盖短边一侧朝向降液管,如图 3-32 所示。它的特点是气体从梯形阀体两侧斜边喷出,因此气流方向与液流方向成锐角,有助于推动液体在塔板上的流动,达到降低液面梯度、消除板上液体死区、减少返混、提高传质效率和降低塔板压降等目的。

(2) 在条形浮阀的阀盖上开孔,开孔方向朝着降液管,如图 3-33 所示。这种浮阀在阀盖上开导向孔或舌孔,使阀盖上的气、液两相并流,气相推动液相流动,液面梯度及塔板压降减小,通量增大。这类浮阀解决了传统浮阀上端存在传质死区的不足,板效率大大提高。

(3) 导流浮阀塔板如图 3-34 所示。在浮阀的前阀腿上开孔,该导流浮阀在条形浮阀的前阀腿上开一矩形孔,气流在水平通过阀体两侧的同时,增加一个向前吹出的气流动力,引导液体向前流动。它不但可以改善阀与阀间的鼓泡状态,还有利于克服液体滞留与返混现象,减小液面落差,降低塔板压降和提高塔板的效率。

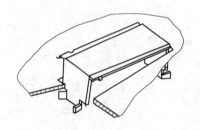
图 3-32　梯形浮阀

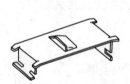
图 3-33　导向浮阀

图 3-34　导流浮阀塔板

C　综合性新型条形浮阀

图 3-35 所示为梯形导向浮阀。阀盖呈梯形,推动液体在塔板上的流动,另外又在阀盖上开设导向孔,增大阀体的整体导向作用。与此类似的还有角形双动浮阀和双浮动梯形浮阀,这类浮阀不是在阀盖上开固定的导向孔,而是安装了可一边浮动的小浮阀,大大提高了它们的操作弹性。另外还有箭形浮阀,如图 3-36 所示,这种浮阀是在具有导向作用的箭形阀盖上冲出导气孔或设置浮阀,提高了传质效率。

图 3-37 为齿边浮阀。浮阀阀面侧边的形状为向下折的齿形边,使气体流出浮阀侧孔时被分割成许多股小气流,从而增大气液接触比表面积,提高塔板传质效率。齿形边向下弯曲后,通过浮阀时一部分气体碰到齿形边后以斜向下的方向

喷入浮阀间液层，而另一部分气体则通过齿间的空隙以斜向上的方向喷入浮阀上部液层，使得浮阀间及浮阀上部液层中的局部气含率趋于一致，提高操作稳定性。浮阀阀面中心具有向下凹的楔形槽，可以降低气体通过浮阀的阻力。在背液的阀腿上设置有导向孔，可以减小塔板上的液面梯度，并消除塔板上的液体滞留区。

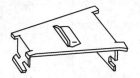 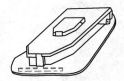 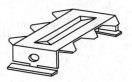

图 3-35　梯形导向浮阀　　　　图 3-36　箭形浮阀　　　　图 3-37　齿边浮阀

3.3.3.4　固定阀塔板

固定阀塔板是介于浮阀和筛板之间的一种塔板。直接在塔板上冲压而成，固定阀与塔板成一个整体。阀体的阀面可以根据需要制作成不同形式。

图 3-38 所示为固定阀塔板（V-Grid Tray）。它的阀面为梯形，气体从阀体的侧缝中喷出，并有一个向前的分速度，可降低塔板上液面梯度，减少液相返混和雾沫夹带，提高塔板效率。

由梯形固定阀和导向孔复合构成的固定阀塔板如图 3-39 所示。在大液流强度下，梯形固定阀产生推动液体向前流动的气体分力，加上塔盘面上增加的若干导向斜孔或固舌喷出的气体，两个推力叠加将加强气体的推液作用，可消除液面梯度，降低雾沫夹带和泄漏，从而增加处理能力，提高塔板的抗堵性。同时，梯形固定阀和导向孔可根据具体情况采用最优化的结构和分布，保证板面液体分布均匀，气液接触充分，提高传质效率并降低塔板压降。

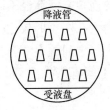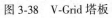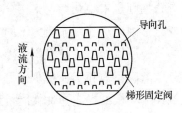

图 3-38　V-Grid 塔板　　　　　　　　图 3-39　固定阀塔板

微分固定阀塔板如图 3-40 所示。该阀在阀盖上开小阀孔，充分利用阀上部的传质空间，使气体分散更加细密均匀，气液接触更加充分。局部采用带有导向作用的微分固定阀，消除塔板上液体滞留现象，提高气液分布的均匀度。

3.3.3.5　穿流塔板

穿流塔板是一种没有降液管的多孔塔板，也称为无溢流塔板。气液在塔板上呈逆流流动，如图 3-41 所示。由于液体是穿过塔板的部分孔淋降到下一层塔板上，因此，这种塔板又称为淋降塔板。它的特点是结构简单，造价低廉，压降小，板间距小，气体通量大。但由于操作范围较窄，弹性较小，使其在工业上的应用受到一定限制。一些改进型的穿流塔板，如双孔径穿流塔板、异孔径穿流塔板、波纹板穿流塔板等，扩大了操作范围，提高了操作弹性，改善气液分布。

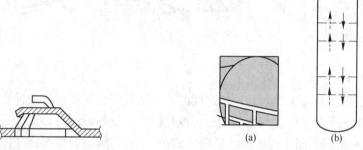

图 3-40　微分固定阀塔板　　　　图 3-41　穿流筛板（a）及穿流塔（b）示意图

穿流塔的穿流塔板上开设的气液通道可为圆形，也可为条形。圆孔一般由冲压而成，根据物系的清洁程度，孔径可在 3~25mm 范围内选取。筛孔越小，操作下限越低；筛孔越大，越容易出现喷射状态。条形孔可冲制，也可用条形材料组合而成，称为栅板，如图 3-42 所示。

穿流塔板有双孔径穿流塔板，就是在塔板上开设大小不同的两种筛孔，有集中型和混合型两种。集中型是四周布大孔、中部设小孔，可提高四周的局部开孔率。混合型则是大小孔均匀交错分布，塔板上的气液穿流的规律会因孔径不同而有所变化。因大小孔气流阻力不同，大孔阻力小，气流有向大孔汇集的效应，在较低的气速下就能形成鼓泡层，因而降低了操作下限。大小孔之间的泡沫有相互扩散分散效应，缓和了喷射现象，提高了泛点，因而操作上限有所提高。这样，双孔径穿流塔板的操作弹性就能得到较大幅度的提高。

非均匀开孔穿流塔板是针对均匀开孔穿流塔板的气液分布不良而提出的，如图 3-43 所示。由于塔壁效应，在均匀开孔穿流塔板上气体分布是不均匀的。当气速较大时，塔板中心区会通气多、通液少，而外缘区则通液多、通气少。非均匀开孔可在塔板外围加大开孔密度，以使气体分布均衡。

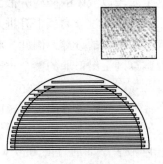

图 3-42　穿流栅板

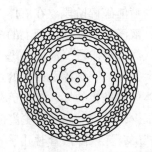

图 3-43　非均匀开孔穿流塔板

浮阀型穿流塔板，就是以浮阀代替筛孔。浮阀有条阀和圆阀两种。浮阀还可与筛孔混合排列。利用浮阀的开闭来调剂开孔率，可显著地扩大操作范围，提高操作弹性。

3.3.3.6　立体传质塔板

立体传质塔板以充分利用塔板空间作为传质区域的目的，在罩体单元结构设计上做了优化。立体传质塔板的核心部件为具有梯矩形立体结构的帽罩单元，由喷射板、端板和分离板组成。喷射板开有喷射孔，其底端与塔板之间留有一定高度的缝隙，称为底隙，底隙是液体进入罩内的通道。端板与喷射板组成帽罩的罩体，并兼有固定和支撑的作用。分离板设置在罩体顶部，起到分离气液两相的作用。在分离板与喷射板之间设有气液两相流动的通道。罩体对应的塔板上开有适当尺寸的矩形孔，即板孔，这是气相的通道。帽罩安装在塔板上时，可以独立成为一个单元，也可以将多个帽罩组合在一起。

立体传质塔板正常操作时以气相为连续相，液相为分散相。气液两相通过帽罩的流动过程大体上可以分为三个阶段，即液体提升阶段、液体破碎阶段、气液分离阶段，如图 3-44 所示。当塔板上的液体从帽罩底隙进入到罩内时，受到从板孔进入罩内的气相的强烈剪切作用，沿喷射板及端板的壁面以液膜的形式被向上提拉，气体则集中在帽罩的中

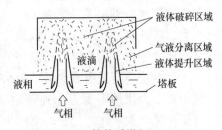

图 3-44　立体传质塔板（CTST）
操作状态示意图

心区形成核心气流。这个阶段以液体的提升为主要特征，称为液体的提升阶段。当液膜流动上升至喷射板的筛孔区时，液膜被破碎，一部分气体夹带着破碎的液滴从筛孔喷射出罩外；另一部分流体直接冲向顶部的分离板，受到分离板阻挡，液体被进一步破碎，随后从罩顶两侧通道喷出罩外。在相邻的两个帽罩之间，相

向喷出的两相流又一次碰撞、聚并和破碎。这个阶段以液体的破碎分散为主要特征，称为液体破碎阶段。在液体充分破碎之后，气体绕过分离板上升进入到上一层塔板，液滴则回落到塔板上的液相中，完成气液两相的分离，因此，将这个阶段称为气液分离阶段。液体从进口堰经过塔板帽罩区至出口堰的整个过程中，是一个被反复提升、破碎及回落的过程。

立体传质塔板的气、液相负荷高，表现在：一方面，受分离板的影响，雾沫夹带量很少，塔内可以承受更高的气相负荷；另一方面，立体传质塔塔板上基本上是清液层，流入降液管时几乎不含气泡，在降液管中的通过能力可成倍提高。气相在通过塔板时，不必克服由液层静压产生的阻力，具有较低的塔板压降。气液两相通过帽罩时为并流喷射过程，气相连续，液相高度分散，促进传递。气液两相喷出罩外的方向与板上液流方向垂直，几乎没有液体回喷至液流上游。操作时帽罩具有吸液能力，板上液位梯度小，返混程度低。气液在罩内高速流动，具有自冲刷能力，不易结垢和堵塞。在处理易发泡物系时，塔板自身没有发泡机制，而且喷下的液滴还具有一定的消泡功能。帽罩结构本身有助于增强塔板的刚性，塔板整体没有活动部件，使用周期长。

3.3.3.7　高速塔板

目前广泛采用的板式塔中，气速增大，塔板间的雾沫夹带会明显增长，使塔板效率迅速降低。增大原有塔器的处理能力，必须降低塔板间雾沫夹带。减少雾沫夹带除可以利用重力除雾外，也可以增加其他的机械力减少雾沫夹带。例如，使气体以较高气速流经塔板的气液接触元件，将液体喷射成细液滴的同时，气流形成围绕塔板轴心的旋转运动（见图3-45），产生离心力，将液滴甩到塔壁上，因而气液两相在接触之后又有效地分离。采用这一措施可使空塔气速提高一倍以上，由这类塔板组成的塔称为高速塔。

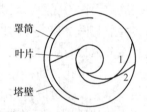

图 3-45　水滴运动示意图
1—内向板的水滴轨迹；
2—外向板的水滴轨迹

应用离心力作用降低雾沫夹带的塔板称为旋流塔板，其处理能力大，压降低，且操作弹性宽。此外，它的结构相对简单、不易堵塞、易于制作，表现出较好的综合性能。

用于工业的旋流塔板如图3-46所示。由布液板1、旋流叶片2、罩筒3、环板4构成旋流板。在环板上开有弧形溢流口5，其上焊异形溢流管6，下接圆形溢流管7。塔板装在塔内，环板上与罩筒、塔壁间形成溢流槽。

旋流板塔在操作时，位于顶层塔板上轴心位置的加液管不断送入液体，由布液板分配到各叶片上，被叶片吹出的气流分散成细液滴，形成主要的传质传热区域。随旋转气流飞行的液滴受离心力的作用向塔壁沉降，成为液层（液环），受重力沿塔壁下流，经溢流槽、溢流管，流到下一层塔板的布液板上，重复进行。流到叶片上，被分散与气流接触，再从塔壁下流、溢流至下一板。

3.3.4 填料塔

填料塔的基本结构如图 3-47 所示。塔体部分主要包括塔填料、液体分布器、液体收集与再分布装置、填料支撑板与紧固装置、气体分布装置等，填料塔的综合性能主要与填料自身的性能、液体和气体分布装置有关。

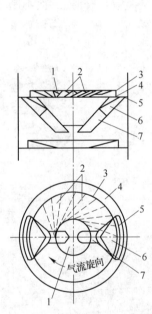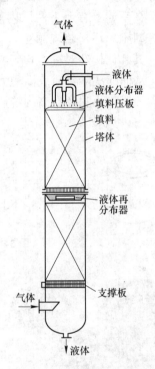

图 3-46 板-管或旋流塔板示意图　　　图 3-47 填料塔结构示意图

1—布液板；2—旋流叶片；3—罩筒；4—环板；
5—弧形溢流口；6—异形溢流管；7—圆形溢流管

3.3.4.1 常用的散装填料

散装填料又称为颗粒填料，通常以乱堆形式装填在塔内，故也被称为乱堆填料。填料不仅提供了气液两相接触的传质表面，而且促使气液两相分散，并使液膜不断更新。

填料应具有尽可能多的表面积，形成较多的气液接触界面。单位填充体积所具有的填料表面称为比表面积；对同种填料，小尺寸填料具有较大的比表面积，但填料过小不仅造价高而且气体流动的阻力大。

在填料塔内，气体是在填料间的空隙内通过的。填料层应有尽可能大的空隙率，减少气体的流动阻力，提高填料塔的处理能力。

填料应为气液两相提供合适的通道，气体流动的压降小、通量大，且液流易于铺展成液膜，液膜的表面更新迅速。

下面介绍几种散装填料。

A　环形填料

拉西环（见图3-48），是最古老、历史最久的填料。鲍尔环是在拉西环基础上开发的，在环壁上有上下两层内弯舌片的窗孔，外形如图3-49所示。图3-50所示为改进型鲍尔环（哈埃派克）。八四内弧环（VSP）外形（VSP填料）如图3-51所示，其几何构造对称、均匀，空隙率高，填料表面连续而不断开，能形成很多液滴，从而使实际传质表面积大于填料几何表面积。阶梯短环（见图3-52），具有通量大、压降小和效率高的特点。

图 3-48　拉西环

图 3-49　鲍尔环

图 3-50　哈埃派克

图 3-51　VSP 填料

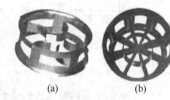
(a)　　　　　　(b)
图 3-52　阶梯短环
（a）金属阶梯短环；（b）塑料阶梯短环

B　鞍形填料

矩鞍形填料如图3-53所示。半环填料外形如图3-54所示，这种填料可以避免叠套，使其床层空隙率均匀，液体分布性能较好。

C　环鞍形填料

环鞍形填料综合了环形和鞍形填料的优点，使散装填料在通量和压降方面都有了较大提高，它扩大了散装填料的应用范围。典型环鞍形填料有金属英特洛克斯填料、金属环矩鞍填料、共轭环填料，如图3-55~图3-57所示。

图 3-53　矩鞍形填料　　　　　　　图 3-54　半环填料外形

图 3-55　金属英特洛克斯填料　　　图 3-56　金属环矩鞍填料　　　图 3-57　共轭环填料

D　球形填料

随着工程塑料技术的发展，很多形状较为复杂的塔填料，可以通过注塑成型。这种填料堆放于塔内时，能非常均匀布置，孔隙率较均匀，不会有架桥和空穴现象，这就有利于气相和液相的分布。两种较典型的球形填料是多面球填料、TRI 球形填料，如图 3-58 和图 3-59 所示。

图 3-58　多面球填料　　　　　　　图 3-59　TRI 球形填料

E　其他类型填料

泰勒花环填料如图 3-60 所示，雪花形填料如图 3-61 所示，海尔环填料如图 3-62 所示，茵派克填料如图 3-63 所示。

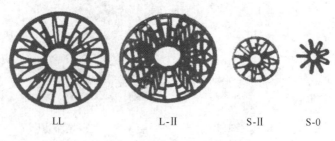

LL　　　　　L-II　　　　S-II　　　S-0

图 3-60　泰勒花环填料

 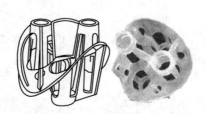 

图 3-61　雪花形填料　　　　图 3-62　海尔环填料　　　图 3-63　茵派克填料

3.3.4.2　规整填料

规整填料是一种在塔内按均匀几何图形排布、整齐堆砌的填料，在整个塔截面上几何形状规则、对称、均匀，规定了气液流路，改善了沟流和壁流现象，压降可以很小。在相同的能量和压降下，规整填料能较散装填料提供更多的比表面积，在同等容积中也可达到更高的传质、传热效果。同时，由于其结构的均匀、规则、对称性，在与散装填料具有相同的比表面积时，其空隙率更大，具有更大的通量，综合处理能力比板式塔和散装填料塔大很多。

规整填料是在散装填料发展的同时出现的。规整填料的材质有金属、塑料、陶瓷、碳纤维等，根据其几何结构可以分为波纹填料、格栅填料、脉冲填料等；根据材质的结构特点可分为丝网波纹填料、板波纹填料和网孔波纹填料等。规整填料中，垂直波纹填料应用最为广泛，作为通用型规整填料的波纹填料塔已经取代某些板式塔和散装填料塔；而网状波纹填料比较适合用于对热敏性物系的分离等精密精馏。

A　金属板波纹填料

金属板波纹填料是一种通用型规整填料，它具有通量大、压降低、传质效果高及抗堵性良好等优点。

板波纹填料是由若干波纹平行排列的波纹片组成，如图 3-64 和图 3-65 所示。

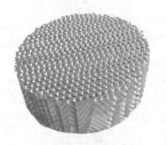

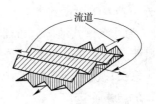
流道

图 3-64　板波纹填料　　　　　　图 3-65　波纹片形状

B　丝网波纹填料

随着技术研究的深入，金属丝网波纹填料是继板波纹填料后最具代表性的规整填料。这种填料具有很高的比表面积，同时由于丝网独具的毛细作用，又使表面积有更为有效的润湿性能，具有很高的分离效率。与相关的其他类型填料相比，这种填料具有更低的压降和更少的持液量，特别适宜难分离物系及热敏性物系。

金属丝网波纹填料如图 3-66 所示。金属丝网波纹片上开有小孔，加强液体均布及液膜更新，减少填料中的死角，提高分离效率。

图 3-66　金属丝网波纹填料

3.3.5　塔内件

塔内件是填料塔的组成部分，它与填料及塔体共同构成一个完整的填料塔。塔内件主要包括：液体分布装置，填料紧固装置，填料支撑装置，液体收集再分布、防壁流及进出料装置，气体进料及分布装置，除雾沫装置，其功能是最大限度发挥填料塔的效率和生产能力。

3.3.5.1　液体分布装置

液体分布装置一般应满足下列要求：每个喷淋点的液体流率均匀，液体分布器各点流率与平均流率的最大误差小于±6%。在整个塔截面上喷淋点排列均匀、位置对称、单位面积上的流率均匀、操作弹性大、气体通过截面积大、阻力小、不易堵塞、不易造成雾沫夹带和引起泡沫；结构紧凑，占空间小；制造容易，安装、检修方便，易调整水平。

液体分布装置主要有槽式液体分布器、管式液体分布器、喷射式液体分布器和盘式液体分布器。

A 槽式液体分布器

槽式液体分布器为重力型液体分布器。以液位作为推动力,它又可分为两级槽式液体分布器及单级槽式液体分布器。

图 3-67 为两级槽式液体分布器,它由主槽(一级槽)和分槽(二级槽)组成,主槽置于分槽之上。回流液或加入料液通过置于主槽上方的进料管进入主槽,再由主槽按比例分配到分槽中。主槽和分槽的结构尺寸由液体流率、塔径及对分布质量的要求而定。

单级槽式液体分布器即连通槽式分布器,如图 3-68 所示。其结构紧凑,槽间互相连通,各处液位高度一致,液体分布均匀。它占塔的空间小,布液结构采用底孔式。

槽式溢流型液体分布器与槽式孔流型分布器结构基本相似,只是将孔流型底孔变成靠槽上边缘的溢流孔,如图 3-69 所示。分布器出口堰常用的形式有矩形堰、V 形堰和圆底矩形堰等,如图 3-70 所示。

图 3-67 两级槽式液体分布器

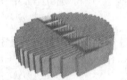

图 3-68 单级槽式液体分布器

图 3-69 槽式溢流型液体分布器

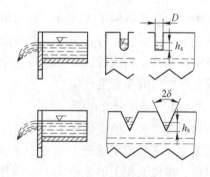

图 3-70 槽式溢流型分布器的各种溢流堰

B 管式液体分布器

图 3-71 为排管式液体分布器结构。进液口一般呈漏斗形,内置丝网过滤器,以防止固体杂质进入分布器。排管底部开有小孔,将液体分布到填料层上端。在

漏斗形进液口与下方直立管连接处开设 3~4 个呼吸孔，以便排除气体使液体能稳定进入分布器。

图 3-72 所示为双层排管式液体分布器，其特点是立管做成套筒式、主横管做成双层，立管内筒与主横管的下层相通，并与下层排管相通；而立管的外管与主横管的上层相通，并与上层排管相通。上层排管要布置在下层排管的间隙中，互相错开一个位置。

图 3-71 排管式液体分布器

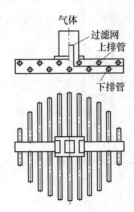

图 3-72 双层排管式液体分布器

进料首先进入内立管，使下层排管工作。当液量增大时，内立管中液位上升，液量大到一定程度，内立管中液体溢流至外立管，这时上层排管也开始工作。

压力型管式分布器是靠泵的压头或高液位通过管道与分布器相连，将液体直接送到填料层上方。根据管的安排有排管式和环管式两种，如图 3-73 所示。在液体入口处通常需要加设过滤器，以避免固体颗粒堵塞补液孔。

在液液萃取填料塔中，分散相的初始分布对塔的处理能力和传质效率有重

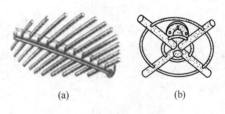

(a)　　　　　(b)

图 3-73 压力型管式分布器
(a) 排管式；(b) 环管式

要的影响。在液液萃取过程中，轻相自塔底进入塔内，而重相从塔顶进入塔内，通常把轻相作为分散相，而重相作为连续相，这时相界面在塔顶部位。经过传质后的轻相从塔顶引出，而重相则自塔底引出。

管式分布器通常置于塔底填料支撑圈下方，使轻相分散成所要求的液滴大小并均匀分布。若填料支撑装置设计不当，会使分散的液滴通过时互相合并，形成大液滴，从而降低传质效率。图 3-74 为液液萃取填料塔中的分散支撑板，填料

放置其上。同时要考虑在分散支撑板下方的轻相池有足够的空间，使轻相向上流过分布小孔，并分散到填料层中。作为连续相的重相通过分散支撑板上的降液管进入塔底流出。

塔顶连续重相分布器，可使用排管式分布器，如图 3-75 所示。塔底轻相进料分布器与图 3-74 相似，只是小孔向上，以使轻相上升。

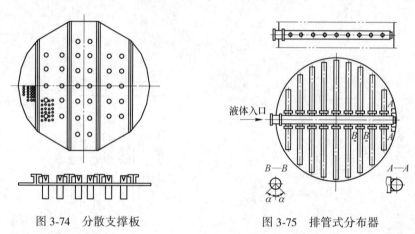

图 3-74　分散支撑板　　　　　　　　图 3-75　排管式分布器

在重相作为分散相的情况下，则与上述安排不同。这时相界面在塔底填料层下方，填料层支撑在常规的填料支撑圈上。图 3-74 的分散支撑板要倒过来安装，即降液管成为升液管，向支撑板上边凸出一定高度。重相和轻相的进料分布仍采用与上述相同的排管式分布器。

C　喷射式液体分布器

喷射式液体分布器是在压力下通过喷嘴将液体分布在填料层上方，结构如图 3-76所示。其操作上限是液体雾化造成夹带。可做成整体式及分块塔内组装式，支撑在塔壁上，如图 3-77 所示。安装所占空间小，且因其受安装水平度的影

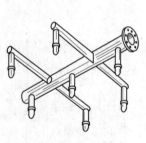

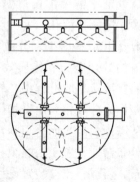

图 3-76　喷射式分布器　　　　　图 3-77　喷射式分布器喷射示意图

响很小，故常用于大直径塔中。一般用于冷却塔或常减压塔中的换热段，通常不易产生雾沫夹带或对操作造成影响。精馏塔和吸收塔一般不采用这种分布器。它不适于含气液体操作，进料含有固体杂质时应设置过滤装置。

D 盘式液体分布器

盘式液体分布器是常用的液体分布器，如图3-78所示。它是在底盘上开布液小孔及升气管，气体从升气管上升，而液体则从小孔中向下流。底盘固定在塔圈上，升气管截面可以是圆形或矩形。

与槽式分布器相比，由于其所有布液小孔处于同一液位高度，故液体分布较均匀，而槽式分布器难以做到各分槽的液位高度相同。盘式液体分布器占塔的空间较小；它的最大缺点是用作再分布器时，液相浓度混合较差，气相通过的阻力要高于槽式分布器。

3.3.5.2 液体收集器

整体式遮板液体收集器如图3-79所示。遮板式液体收集器置于填料层下面，将上层填料流下的液体全部收集，其对气相的阻力可以忽略不计，而且不影响气体分布的均匀性。

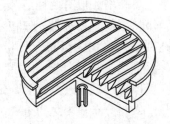

图3-78 盘式孔流型液体分布器　　　　图3-79 整体式遮板液体收集器

从上层填料落下的液体由集液遮板收集，流经下方的导液槽再流入底部中间的集液槽。塔径较大时，除了中间集液槽外，还设置周边环形集液槽，遮板式集液板固定在中间横槽与环形槽上。集液板收集的液体流入横槽和环形槽中，再经过横槽中心管流入下方的再分布器中进行液体的混合和再分布。

图3-80所示为支撑式液体收集器，它将填料支撑板与液体收集器合二为一，每个支撑板下设置一个分集液槽，分集液槽固定在塔体的环形槽上，中间主支撑板固定在主集液槽内（即横槽内）。在两个支撑板间另设有一个收集槽，以防止液体收集不完全。

整体式收集器如图3-81所示。对于塔体有法

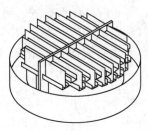

图3-80 支撑式液体收集器

兰的小塔，将整体式收集器夹紧固定于塔体法兰中间，也可固定在塔壁支撑圈上。中间较大直径的升气管是为了使塔中心有足够上升的气量，也是为了更好地布置升气管面积。

分体式收集器如图 3-82 所示。它用于直径大于 2m 的大塔，中间槽用于引出液体。

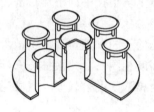

图 3-81　整体式收集器

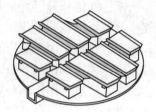

图 3-82　分体式收集器

3.3.5.3　气相入塔装置及分布装置

为使填料塔获得最佳性能，气相入塔装置及分布装置非常重要。气体分布不均匀会造成填料层内气液分流，使分离效率下降。

气相进入填料塔一般有两种情况：一是塔底进入，包括气相进料与气液两相进料；二是填料层间气相进料。气相入塔装置及分布装置就是为了使不同情况下气相入塔达到稳定、均匀分布。气相进入装置有多种形式，它取决于气相状态（纯气相还是两相）、应用场合（精馏、吸收等）、气相负荷、操作压力（与气体密度有关）、允许压降、技术参数及质量要求、塔径等条件。特别对于低阻力的填料，气相进入与分布显得更为重要。

进气结构主要分为三类，即水平进气、向上进气和向下进气，其典型的进气流场分析如图 3-83 所示。从管口流出的气流形成一股自由射流，水平、向上或向下流动，由于射流表面的湍动脉动及卷吸作用，流动截面逐渐扩大，速度减慢，在射流周围形成旋涡，当受到塔壁和塔内件的阻挡时形成各种复杂的流场。直管水平进气结构如图 3-83

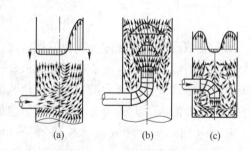

图 3-83　典型进气结构的流场分析
（a）水平进气；（b）向上进气；（c）向下进气

（a）所示，水平射流受前方圆柱形塔壁的阻挡，气流向周围扩散，一部分气体转向上沿塔壁流动，这是主流；一部分向塔底流动，构成底部的循环区，其余则向两侧流动，形成两个转向相反的环流，这是支流。主流和支流互相影响，互相制约。图 3-83（b）为向上进气的情况，流动截面逐渐扩大，速度分布趋于均匀，同时会有部分气体形成附壁流动。图 3-83（c）为向下缺口或弯管进气，气流以射流形式流出后，先冲向塔底向下流动，然后受到阻挡再转折向上流动，流动情况比较复杂。

A 小塔进气及分布装置

当塔径小于 2.5m 时，可采用简单进气及分布装置。

（1）气相直接进入塔内。直径 1m 以下的塔，最常采用这种进料方式，它是最简易的进气方式，低压蒸馏塔及小气量吸收塔用得较多，如图 3-84 所示。

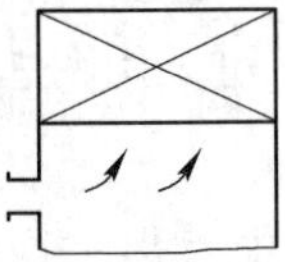

图 3-84 气相直接进入塔内

（2）具有缓冲挡板的简单进气。

气相进入时，安装有缓冲挡板，使气体从两个侧面环流向上，并均匀进入填料层，如图 3-85 所示。这种进气方式用于塔内空间受限制的情况。若气量较大，可采用相对的两个进口。

（3）孔管式气相进料分布器。在分布管上设置两排侧孔（或槽），将气相分成多股流上升至填料层，如图 3-86 所示。进料仅为气相，不含液相，其压降较大。

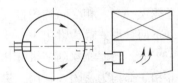

图 3-85 具有缓冲板的简单进气

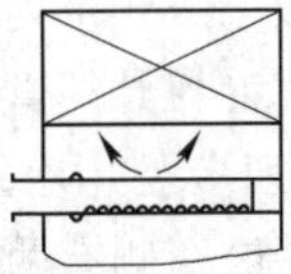

图 3-86 孔管式气相进料分布器

B 大塔进气及分布装置

当塔径大于 2.5m 时，采用底部开缺口敞开式进气口，如图 3-87 所示。管端封口作为缓冲挡板，这种进气结构性能较好，应用也较广。对于大塔径、高气相负荷更为适用，它有各种变体以适应不同的需要。

（1）具有中间缓冲挡板的气相进口，这种气相进口的结构如图 3-88 所示。它将进口管直接放大，在缺口部分加一中间缓冲挡板，挡板仅挡住管的下半部，进入气体被挡住一部分，其余部分则从其上部通过，进入第二个进口，这样气体能较均匀地分配入塔。

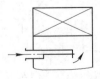

图 3-87 底部开缺口敞开式气相进口

图 3-88 具有中间缓冲挡板的气相进口

（2）气体双进口管，这种气体双进口管如图 3-89 所示，用于较大直径的塔，它比上述具有中间缓冲挡板的进气管对气体分布的性能好，但塔外管线连接较为复杂。

（3）与升气管式气体分布器结合的进气装置，适用于对气相分布均匀性要求很高的场合，如图 3-90 和图 3-91 所示。其结构由于塔内空间限制而达不到要求，可采用图 3-90 所示的进气装置，但阻力较大。

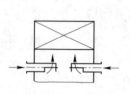 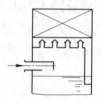

图 3-89　气体双进口管　　　　图 3-90　与升气管式气体分布器
　　　　　　　　　　　　　　　　　　　　　　结合的进气装置

（4）特殊进气分布装置，若入塔气流中夹带有液相甚至固体杂质，则应使气体通过分布装置时得到有效分离，图 3-91 为常采用的结构。在炼油厂和大型石化装置中，塔底常为两相进料，由于塔径较大，对气相分布均匀性要求高，故常用分布装置与升气管分布器配合进料。以下两种形式最为常用。

1）双列多级叶片分流进气装置。图 3-92 中，气体经双列多级叶片分流进入塔中，在进口两侧有两列弧形叶片，其顶部和底部均为密闭。它用于进气中含有大量液体需分离，并需急速卸压的情况，再配合升气管式分布器，可达到高质量气体分布。

2）切向号角式进气装置。图 3-93 中，夹带大量液相的气体从切向入塔，塔内切向进口上沿有平置导流板。由于离心力的作用，使液相向下流到塔底；而气体则旋转向上，经过升气管式分布器进入填料层中。这种进料装置适用于气量大，并夹带大量液相的进料状况。

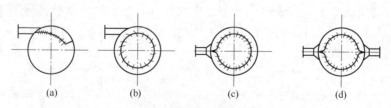

（a）　　　　　（b）　　　　　（c）　　　　　（d）

图 3-91　特殊进气分布装置
（a）切向号角式；（b）单切向环流式；（c）双切向环流式；（d）对向双进口环流式

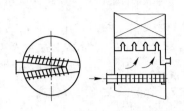 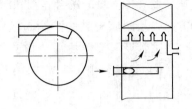

图 3-92 双列多级叶片分流进气装置　　　　图 3-93 切向号角式进气装置

3.3.5.4 除雾沫装置

气液传质分离设备都是通过气相与液相的密切接触而实现物质的分离，空塔气速的提高，易造成塔顶雾沫夹带严重。这样不但损失物料，造成环境污染，也使塔的效率降低，塔顶产品质量下降。为此，需要在塔顶设置除雾沫装置，通常规整填料塔可以不设除雾沫装置。

除雾沫的方法很多，如撞击分离、重力沉降、旋风分离、文丘里除雾、电力沉降等，可分别用于不同的粒径范围。分离塔中产生的雾沫大小一般在 $8\sim700\mu m$，最常用的除沫装置有丝网除沫器、折流板除沫器及旋流板除沫器。

丝网除沫器由于其比表面积大、空隙率大、结构简单、使用方便、压降小及除沫效率高等优点，广泛应用于填料塔的除雾沫操作中。用于填料塔时，丝网除沫器有多种结构形式，如图 3-94 所示。

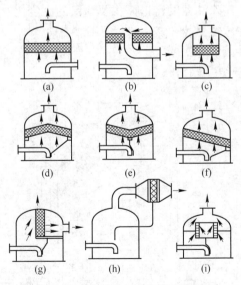

图 3-94 填料塔丝网除沫器结构形式

A 平放式除沫器

图 3-94（a）~（c）所示的除雾器为平放式结构，其优点是结构简单，适用于

低气速、低夹带液量的场合。在除沫器中由于丝网的阻挡作用，使气体不断改变运动方向，从而使夹带的液滴与丝网碰撞而滞留网上。同时，由于气流方向改变，也使夹带液滴惯性截留。平放式结构的缺点是气速过大时易出现二次夹带。图 3-94（c）极易发生二次夹带；图 3-94（b）二次夹带小些，但其结构较复杂；图 3-94（a）由于截面积较大不易产生二次夹带，它的除沫效率也较高。

为提高除沫效率，平放式除沫器可用两层不同尺寸的丝网制成，下层用大尺寸丝网除去较大的液滴，上层用小尺寸丝网除去细小的液滴。

B 导液式除沫器

图 3-94（d）~（h）所示为导液式除沫器，因其除沫网倾斜或垂直放置，故对截留的液体有导流作用，使液体在除沫网中停留较短时间，因而阻力较小且不易造成二次夹带，同时被收集的液体可以与回流或进料一起导入液体分布器中。这种除沫器的阻力小，操作范围广且效率高；但缺点是结构较复杂，因而造价高。

C 多通道两级除沫器

图 3-94（i）为多通道两级除沫器，除沫通道由隔板分成上下两部分，组成两级除沫器。其除沫机理如图 3-95 所示。它改变了传统除沫器气液逆流的结构，此外除沫器中还设有导液部件，减少了液体在除沫网中的持液量，防止了二次夹带。它可按照需要改变除沫器的流道面积及两级的高度比，而不受塔径的限制，因而除沫器效率高于传统平放式除沫器。由于滞留液量小，因此其压降也低于传统平放式除沫器。

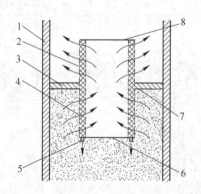

图 3-95 多通道两级除沫器除沫机理

1—塔壁；2—丝网固定件；3—隔板；4—龙骨；5—导液管；6—下端板；7—除雾丝网；8—上端板

D 折流板除沫器

图 3-96 为折流板除沫器。气体通过角钢通道时，使夹带的液体被截留。分

离下来的液体由导液管与回流或进料一起进入分布器。增加折流次数可提高除沫效率，其优点是结构简单、不易堵塞，缺点是耗用金属多、造价高。

E 旋流板除沫器

旋流板除沫器如图3-97所示，旋流塔板由固定的叶片组成，叶片构成风车状。气体通过叶片时产生旋转和离心运动，在离心力作用下将夹带液滴甩至塔壁，实现气液分离。

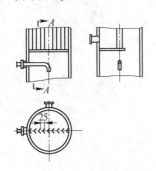

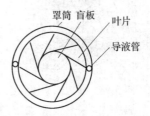

图 3-96 折流板除沫器　　　　图 3-97 旋流板除沫器

3.3.5.5 填料的支撑装置

填料支撑装置是用来支撑填料层及其所持有的液体质量，因此，它要有足够高的机械强度；同时，为了保证填料塔的通过能力及正常操作，支撑装置气体通道面积应大于填料层的自由截面积。或者说，这一区域的空隙率应大于填料层中的空隙率，否则当气速增大时将首先在支撑处出现液泛现象。

常用的填料支撑装置有栅板式、升气管式和波形板式。

A 栅板式支撑装置

栅板式支撑装置是最常用的、结构最简单的填料支撑装置，如图3-98所示。它由扁钢竖立焊接而成，栅板放置在焊接于塔壁的支撑圈上，塔径较小时采用整块式栅板，大直径塔采用分块式栅板。栅板式支撑结构简单，制造方便，强度较高，空隙率较高；但缺点是栅板常有部分缝隙被填料堵塞，从而减少了自由流通面积。因而，这种支撑装置多用于规整填料的支撑。

B 升气管式支撑装置

升气管式支撑装置如图3-99所示，将位于支撑板上的升气管上口封闭，在管壁上开长孔，气体由升气管上升，通过升气管侧面所开长孔齿缝进入填料层；而液体则由支撑装置底板上的许多小孔流下，气液分道而行。这种结构的支撑装置有足够大的自由截面积，因而不易造成液泛，较适用于塔体用法兰连接的小型塔。

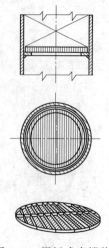

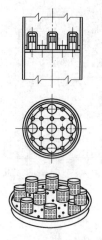

图 3-98　栅板式支撑装置　　　　　图 3-99　升气管式支撑装置

C　开孔波形板式支撑装置

开孔波形板式支撑装置如图 3-100 所示，波形板由开孔金属平板冲压成波形，然后焊在钢圈上。网孔呈菱形，且波形沿菱形的长轴冲制。在每个波形梁的侧面和底部上开有许多小孔，上升的气体从侧面的小孔喷出，下降的液体从底部的小孔流下，故气液分道逆流，既减少了流体阻力，又使气液分布均匀，减少了因液体积聚而发生液泛现象的可能性。同时，波形结构也提高了支撑的强度，它适用于空隙率较大的填料支撑。

图 3-100　开孔波形板式支撑装置

4 电厂水处理设备与流程

4.1 水沉淀处理设备

天然水中常含有泥沙、黏土、腐殖质、纤维素、悬浮物、胶体等杂质。由于水中杂质颗粒的大小和密度不同，可采取不同的处理方法除去。杂质颗粒直径大于 0.1mm 的细砂，可利用重力自然沉淀除去。

沉淀池是利用悬浮颗粒的重力作用来分离固体颗粒的设备。沉淀池按水流方向可分为平流式、竖流式和辐流式三种，如图 4-1~图 4-3 所示。

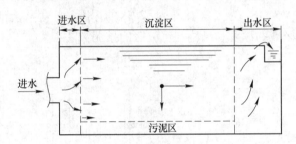

图 4-1 平流式沉淀池

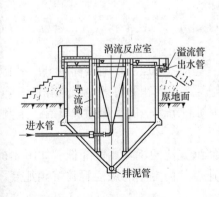

图 4-2 竖流式沉淀池

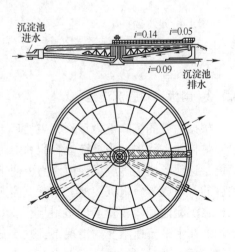

图 4-3 辐流式沉淀池

4.1.1 平流式沉淀池

平流式沉淀池是使用最早的一种沉淀设备，这种设备结构简单、运行可靠、对水质适应性强，目前广泛应用于城市自来水系统。

平流式沉淀池是一个矩形结构的池子，常称为矩形沉淀池。整个池子可分为进水区、沉淀区、出水区和排泥区，如图4-1所示。通过混凝处理后的水先进入沉淀池的进水区，进水区内设有配水渠和穿孔墙，如图4-4所示。配水渠墙上配水孔的作用是使进水均匀分布在整个池子的宽度上，穿孔墙的作用是让水均匀分布在整个池子的断面上；沉淀区的作用是使得固体颗粒与水的分离，在此，固体颗粒以水平流速和沉降速度的合成速度，一边向前行进一边向下沉降；出水区的作用是均匀收集经沉淀区沉降后的水，使其进入出水渠后流出池外。图4-5是出水的三种常见结构，保证在整个沉淀池宽度上均匀集水，同时不让水流将已沉到池底的悬浮颗粒带出池外。图4-5（a）为溢流堰式，堰顶水平，以保证出水均匀。图4-5（b）为淹没孔口式，它是在出水渠内墙上均匀布孔，尽量保证每个小孔流量相等。图4-5（c）为三角堰式。污泥区的作用是收集从沉淀区沉淀下来的悬浮颗粒，这一区域的深度和结构与沉淀区的排泥方法有关。

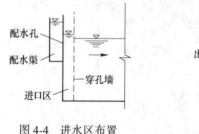

图 4-4 进水区布置

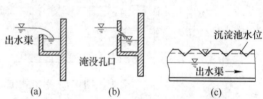

图 4-5 出水区布置
（a）溢流堰式；（b）淹没孔口式；（c）三角堰式

4.1.2 斜板、斜管沉淀池

根据颗粒的沉降重力理论，当处理水量一定时，增加沉淀池表面积可以提高悬浮颗粒的去除率。当沉淀池容积一定时，增加沉淀面积的有效途径是降低沉降高度，这就形成了多层沉淀池。为了便于排泥，将沉淀池的底板做成具有一定倾斜度的，便成为斜板沉淀池、斜管沉淀池。

在沉淀池倾斜放置了许多斜板、斜管，使沉淀池的沉降高度降低，如图4-6所示。在水平流速不变的情况下，减小截留速度，使更小的悬浮颗粒沉到池底，同时缩短沉降时间，提高了去除率。

斜板、斜管沉淀池按水流方向分为上向流、下向流和平向流三种，如

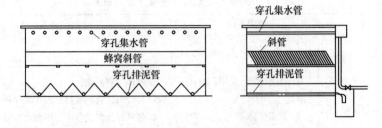

图 4-6 斜管沉淀池示意图

图 4-7 所示。上向流的水流方向是水流自下向上流动的,而沉泥是自上向下滑动的,两者流动的方向正好相反,称为异向流(逆流)。下向流的水流方向和沉泥的滑动方向都是自上向下的,称为同向流(并流)。并流的特点是,沉泥和水为同一流向,有助于沉泥的下沉,但清水流至沉淀区底部后仍需返回到沉淀池顶引出,使沉淀区的水流过程复杂化。平向流的水流方向是水平的,而沉泥仍然是自上向下滑动的,两者的流动方向正好垂直,又称为横向流(错流)。目前,工业水处理中多采用异向流,澄清池的澄清区可以加装斜管组件,构成斜管澄清池。

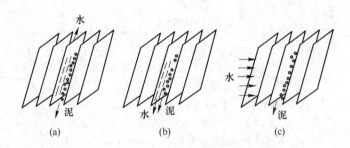

图 4-7 斜板沉淀池中水流与沉泥的流向
(a) 异向流;(b) 同向流;(c) 横向流

异向流斜板、斜管沉淀池的结构与平流式沉淀池相似,由进水区、斜板(斜管)沉淀区、出水区和污泥区四个部分组成。进入沉淀池的水流多为水平方向,而在斜板、斜管沉淀区的水流方向是自下向上的。目前设计的斜板、斜管沉淀池,进水布置主要有穿孔墙、缝隙墙和下向流斜管进水等形式,以使水流在池宽方向上布水均匀。为了便于排泥,斜板、斜管倾斜放置。

为了充分利用沉淀池的有限容积,斜板、斜管都设计成截面为密集型几何图形,有正方形、长方形、正六边形和波纹形等。

各种沉淀池的适用条件和优缺点见表 4-1。

表 4-1 各种沉淀池的适用条件及优缺点

形 式	适用条件	主要优缺点
平流式沉淀池	1. 一般用于大中型水处理厂； 2. 原水含沙量大时，可作预沉池	优点： 1. 水处理适应性强、潜力大，效果稳定； 2. 操作管理方便； 3. 造价低，就地取材，施工较简单； 4. 带机械排泥设备时，排泥效果好。 缺点： 1. 占地面积较大； 2. 排泥比较难
竖流式沉淀池	一般用于小型水处理厂	优点： 1. 沉淀效果好； 2. 有机械排泥装置效果好。 缺点： 1. 施工困难； 2. 上升流速低，出水量小，沉淀效果差
辐流式沉淀池	1. 一般用于大中型水处理厂； 2. 处理高浊水时可作预沉池	优点： 1. 沉淀效果好； 2. 有机械排泥装置效果好。 缺点： 1. 投资及管理费大； 2. 施工困难； 3. 刮泥装置维修困难，消耗金属材料多
斜管斜板式沉淀池	1. 宜用于中小型水处理厂； 2. 用于老池改造，改建扩建，挖潜	优点： 1. 沉淀效率高； 2. 池体小，占地小。 缺点： 1. 斜管、斜板价格高，费用大； 2. 排泥困难

4.2 澄 清 池

澄清池是进行水的混凝、去除水中悬浮物和胶体的设备。在澄清池中，药剂与水混合后，与水中悬浮物和胶体发生絮凝反应，形成絮凝体，絮凝体沉降从水中分离。在澄清处理中生成的大量泥渣（活性泥渣）进行接触絮凝和层状沉降。

4.2.1 澄清池运行流程

澄清池的工作流程如图 4-8 所示。图中方框表示澄清池的主要组成部分，原水由进水装置经配水系统配水后，进入接触絮凝区，在此进行混合、接触絮凝；随后依层状沉降进行沉降分离，澄清水经澄清区出水系统流出池外，完成澄清净化作用。部分多余泥渣进入泥渣浓缩区，浓缩后排出池外。

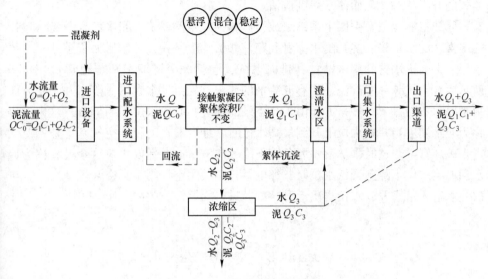

图 4-8 澄清池工作流程

4.2.2 澄清池类型

澄清池类型众多，结构各异，按其工作原理可分为泥渣悬浮型澄清池和泥渣循环型澄清池两大类。

泥渣悬浮型澄清池的工作特征是，已形成的大粒径絮凝颗粒处于和上升水流成平衡的静止悬浮状态，构成悬浮泥渣层。投加混凝剂的原水通过搅拌作用所生成的微小絮凝颗粒随上升水流自下而上通过悬浮泥渣层时被吸附和絮凝，迅速生成密实易沉降的粗大絮凝颗粒，从而使水得到净化。因为这个絮凝过程是发生在两种絮凝颗粒表面上的，所以称为接触絮凝或接触混凝过程。从整体上看，悬浮泥渣层和滤层所起的作用相类似，所以也有人称这种接触絮凝为泥渣过滤。

泥渣循环型澄清池的工作特征是，除了有悬浮泥渣层以外，还有相当一部分泥渣从分离区回流到进水区，与加有混凝剂的原水混合进行接触絮凝过程，然后再返回分离区。正是有大量的泥渣在池内循环流动，使泥渣接触絮凝作用得以充分发挥。

4.2.2.1 泥渣悬浮型澄清池

泥渣悬浮型澄清池又称为泥渣过滤型澄清池，常用的有悬浮澄清池和脉冲澄清池两种。

脉冲澄清池也是一种泥渣悬浮型澄清池，同样利用上升水流的能量来完成絮凝颗粒的悬浮和搅拌任务，它是间歇性进水。当进水时上升流速增大，悬浮泥渣层就上升；在不进水或少进水时，悬浮泥渣层就下降。因此，使悬浮泥渣处于脉冲式的升降状态，从而使水得到澄清。

脉冲澄清池主要由四个系统组成，即脉冲发生器系统、配水稳流系统（包括落水渠、配水干渠、多孔配水支管和稳流板）、澄清系统（包括泥渣悬浮层、清水层、多孔集水管和集水槽）和排泥系统（包括泥渣浓缩室和排泥管）。图 4-9 所示为真空式脉冲澄清池。加有混凝剂的原水首先由进水管进入落水井，一方面由于原水不断进入，另一方面由于真空泵的抽气，井内水位不断上升，这个过程称为充水期。当井内水位上升到最高水位时，继电器自动打开空气阀，外界空气进入破坏真空。这时水从落水井急剧下降，向澄清池底部放水，这个过程称为放水期。当水位下降到最低水位时，继电器自动关闭空气阀，真空泵重新启动，再次使水进入落水井，水位再次上升，如此进行周期性的脉冲工作。

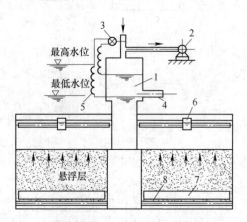

图 4-9   真空式脉冲澄清池

1—落水井；2—真空泵；3—空气阀开关；4—进水管；5—水位电极；
6—集水槽；7—稳流挡板；8—配水管

从落水井下降的水进入配水系统，由配水支管的孔隙的孔眼中喷出，喷出的水流在挡板的作用下产生涡流，促使药剂和水进行混合反应；然后水流从两块挡板的狭缝中向上流出，使泥渣上浮、膨胀，并在此进行接触絮凝。通过泥渣层的清水上升到集水管和集水槽后流出池外，完成净化作用。多余的泥渣在膨胀时溢流入泥渣浓缩室，浓缩后排出池外。

4.2.2.2   泥渣循环型澄清池

泥渣循环型澄清池是目前应用较广的一类澄清池，常用的有机械搅拌澄清池和水力循环澄清池。

A　机械搅拌澄清池

机械搅拌澄清池池内泥渣的循环流动是靠一个专用的机械搅拌机的提升作用来完成的，如图4-10所示。

机械搅拌澄清池的池体主要由第一反应室、第二反应室和分离室三部分组成，并设置有相应的进出水系统、排泥系统、搅拌机及调流系统；另外，还有加药管、排气管和取样管，如图4-11所示。

原水由进水管进入环形三角配水槽后，由槽底配水孔流入第一反应室，在此与分离室回流的泥渣混合。混合后的水由于叶轮的提升作用，从叶轮中心处进入，再向外沿辐射方向流出来，经

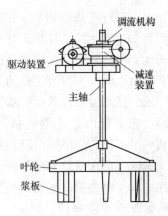

图4-10　机械搅拌澄清池
专用搅拌机

叶轮与第二反应室底板间的缝隙流入第二反应室，在第一反应室和第二反应室完成接触絮凝作用。第二反应室内设置有导流板，以消除因叶轮提升作用所造成的水流旋转，使水流平稳地经导流室流入分离室，导流室有时也设有导流板。分离室的上部为清水区，清水向上流入集水槽和出水管。分离室的下部为悬浮泥渣层，下沉的泥渣大部分沿锥底的回流缝再次流入第一反应室重新与原水进行接触絮凝反应，少部分排入泥渣浓缩室，浓缩至一定浓度后排出池外。

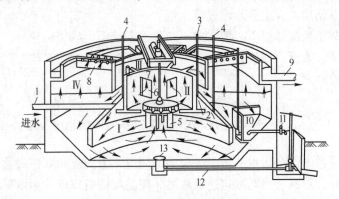

图4-11　机械搅拌澄清池
Ⅰ—第一反应室；Ⅱ—第二反应室；Ⅲ—导流室；Ⅳ—分离室
1—进水管；2—三角配水槽；3—排气管；4—加药管；5—搅拌桨；6—提升叶轮；7—导流板；
8—集水槽；9—出水管；10—泥渣浓缩室；11—排泥阀；12—放空管；13—排泥罩

环形三角配水槽上设置有排气管，以排除水中带入的空气。药剂可加入第一反应室，也可加至环形三角配水槽或进水管中。

B　水力循环澄清池

水力循环澄清池的基本原理和结构与机械搅拌澄清池相似，但泥渣循环的动力不是采用专用的搅拌机而是利用进水本身的动能，因此水力循环澄清池池内没有转动部件，它的结构简单、运行维护方便、成本低。但相对机械搅拌澄清池而言，其对水质、水量等变化的适应性能差些。

水力循环澄清池的结构示意如图 4-12
所示。它主要由进水混合室（喷嘴、喉
管）、第一反应室、第二反应室、分离室、
排泥系统、出水系统等部分组成。原水由
池底进入，经喷嘴高速喷入喉管内，此时
在喉管下部喇叭口处，造成一个负压区，
使高速水流将数倍于进水量的泥渣吸入混
合室。水、混凝剂和回流的泥渣在混合室
和喉管内快速、充分混合与反应，混合后
的水进入第一反应室和第二反应室，进行
接触絮凝。由于第二反应室的过水断面比
第一反应室的大，因此水流速度减小，有
利于絮凝颗粒进一步长大。从第二反应室
流出来的泥水混合液进入分离室，在此由
于过水断面急剧增大，上升水流速度大幅

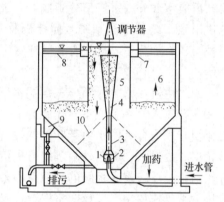

图 4-12　水力循环澄清池
1—混合室；2—喷嘴；3—喉管；
4—第一反应室；5—第二反应室；6—分离室；
7—环形集水槽；8—穿孔集水管；
9—污泥斗；10—伞形罩

度下降，有利于絮凝体分离。清水向上经集水系统汇集后流出池外，絮凝体在重力作用下沉降，大部分回流再循环，少部分进入泥渣浓缩室，浓缩后排出池外或由池底排出池外。

4.3　粒状介质过滤设备

粒状介质过滤设备按水的流向可分为下向流、上向流和双流式过滤设备。按运行工况可分为等速过滤和减速过滤两类。按滤层的组成可分为单层和多层滤料过滤设备。按工作压力可分为压力式和重力式两类过滤设备。以下按工作压力区分介绍过滤设备。

4.3.1　压力式过滤器

压力式过滤器是指过滤器在一定压力下进行过滤，通常用泵将水输入过滤器，过滤后，将过滤水送到后面的用水装置。这种过滤器是一个由钢板制成的圆柱形密闭容器，容器的上部装有进水装置及排空气管，下部装有配水系统，在容器外配有必要的管道和阀门，容器两端采用椭圆形或碟形封头。压力式过滤器属于受压容器，也称为机械过滤器，有竖式的和卧式的。目前，常用的压力式过滤器有单层滤料过滤器、双流式过滤器和多层滤料过滤器。

4.3.1.1 单层滤料过滤器

单层滤料过滤器是一种最简单的压力式过滤器，常称为普通过滤器，其结构如图 4-13 所示。滤料一般为石英砂或无烟煤（石英砂居多）。过滤时，水经过进水装置均匀地流过滤料层，由配水装置收集后流入清水箱或直接送到后续水处理设备。过滤器运行到水头损失达到允许值时，过滤器停运，进行反冲洗。经反冲洗后，由于水力筛分作用，使滤料排列成上小下大状态，使得这种过滤器在滤层中截留的悬浮颗粒分布不均匀，即被截留的悬浮颗粒量沿滤层深度逐渐减小，致使水头损失加快，滤层下部滤料的工作能力未能充分发挥。因此，普通过滤器是一种表层过滤装置，它的截污能力和滤料的有效利用率较低。

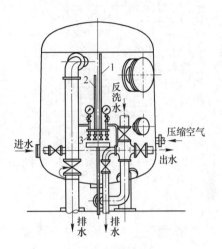

图 4-13 普通过滤器
1—空气管；2—监督管；
3—采样阀

4.3.1.2 双流式过滤器

将需过滤的水同时从上、下进入过滤器，经过滤的水从滤层中间某一部位流出，可以避免由于普通式过滤器的下层滤料不能充分发挥截污作用的不足，双流式过滤器结构示意图如图 4-14 所示。在这种过滤器中，上部滤层的运行方式与普通过滤器相同，下部滤层则为"反粒度"的过滤方式，即沿着过滤水流方向，颗粒滤料的粒径由粗到细。上部滤层的运行方式，可防止下部滤层的上向过滤过程中的滤层膨胀。

双流式过滤器失效后通常先用压缩空气擦洗，接着从中间排水装置送入反冲洗水，冲洗上部滤层；然后停止输入压缩空气，从下部和中间排水装置同时进水反洗整个滤层。

4.3.1.3 多层滤料过滤器

多层滤料过滤器的结构及运行方式与单层滤料过滤器基本相同，图 4-15 为双层滤料过滤器结构示意图。由于这类过滤器的过滤方式基本上属于"反粒度过滤"，所以滤层截污能力强，出水水质好，过滤周期长。

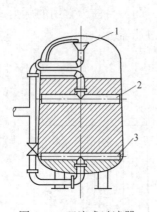

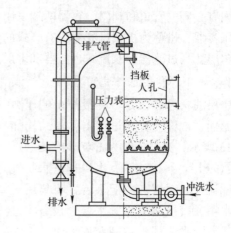

图 4-14　双流式过滤器　　　　图 4-15　双层滤料过滤器
1—进水装置；2—中间排水装置；3—配水装置

4.3.1.4　卧式过滤器

在水处理量大的场合可以将过滤装置设计为卧式过滤器。

为了防止反洗时流量太大及减少反洗时水流不均匀的危害，卧式过滤器通常制成多室，每一室相当于一个单流式过滤器，因此它与多台单流式过滤器相比具有设备体积小、占地面积省、投资少的优点。

4.3.2　重力式滤池

重力式滤池是指依靠水自身重力进行过滤的过滤装置，它通常是用钢筋水泥制成的构筑物，所以滤池的造价比压力式过滤器低，而且宜做成较大的过滤设备。滤池的种类很多，这里介绍常用的几种。

4.3.2.1　普通快滤池

普通快滤池构造如图 4-16 所示。普通快滤池通常有四个阀门，包括控制过滤进水和出水用的进水阀、出水阀，控制反洗进水和排水用的冲洗水阀、排水阀，因此普通快滤池也称为四阀滤池。

普通快滤池过滤时，关闭冲洗水阀 14 和排水阀 17，开启进水阀 3 和出水阀 10。浑水经进水总管 1，进水支管 2 和浑水渠 4 进入滤池。再通过滤料层 5、承托层 6 后，滤后清水由配水系统支管 7 收集，从配水干渠 8、清水支管 9、清水总管 11 流往清水池。随着滤层中截留杂质的增加，滤层的阻力随之增加，滤池水位也相应上升。当池内水位上升到一定高度或水头损失增加到规定值时，停止过滤，进行反洗。

反洗时，关闭出水阀 10 和进水阀 3，开启冲洗水阀 14 和排水阀 17。反冲洗

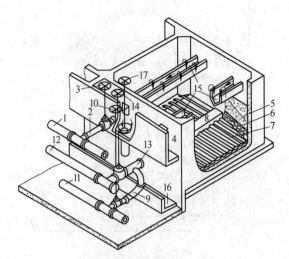

图 4-16 普通快滤池构造

1—进水总管；2—进水支管；3—进水阀；4—浑水渠；5—滤料层；6—承托层；
7—配水系统支管；8—配水干渠；9—清水支管；10—出水阀；11—清水总管；12—冲洗水总管；
13—冲洗支管；14—冲洗水阀；15—排水槽；16—废水渠；17—排水阀

水依次经过冲洗水总管 12、冲洗支管 13、配水干渠 8 和配水系统支管 7，经支管
上孔口流出再经承托层 6 均匀分布后，自下而上通过滤料层 5，滤料层得以膨胀、
清洗。冲洗废水流入排水槽 15，经浑水渠 4、排水管和废水渠 16 排入地沟。冲
洗结束后，重新开始过滤。

4.3.2.2　无阀滤池

　　无阀滤池因没有阀门而得名，其特点是过滤和反冲洗自动地周而复始进行。
重力式无阀滤池如图 4-17 所示。无阀滤池过滤时，经混凝澄清处理后的水，由
进水分配槽 1、进水管 2 及配水挡板 5 比较均匀地分布在滤层的上部。水流通过
滤层 6、装在垫板 8 上的滤头 7，进入集水空间 9，滤后的水从集水空间经连通管
10 上升到冲洗水箱 11，当水箱水位上升达到出水管 12 喇叭口的上缘时，便开始
向外送水至清水池，水流方向如图 4-17 中的箭头方向所示。

　　过滤刚开始时，虹吸上升管 3 与冲洗箱中的水位的高差 H，为过滤起始水头
损失。随着过滤的进行，滤层截留杂质量的增加，水头损失也逐渐增加，由于滤
池的进水量不变，使虹吸上升管内的水位缓慢上升，因此保证了过滤水量不变。
当虹吸上升管内水位上升到虹吸辅助管 13 的管口时（这时的水头损失 H 称为期
终允许水头损失），水便从虹吸辅助管中不断流进水封井内，当水流经过抽气管
14 与虹吸辅助管连接处的水射器 20 时，就把抽气管 14 及虹吸管中空气抽走，使
虹吸上升管和虹吸下降管 15 中的水位很快上升；当两股水流汇合后，便产生了

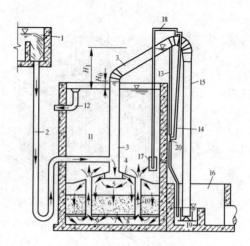

图 4-17 重力式无阀滤池

1—进水分配槽；2—进水管；3—虹吸上升管；4—顶盏；5—配水挡板；6—滤层；7—滤头；
8—垫板；9—集水空间；10—连通管；11—冲洗水箱；12—出水管；13—虹吸辅助管；
14—抽气管；15—虹吸下降管；16—排水井；17—虹吸破坏斗；
18—虹吸破坏管；19—锥形挡扳；20—水射器

虹吸作用，冲洗水箱的水便沿着与过滤相反的方向，通过连通管 10，从下而上地经过滤层，使滤层得到反冲洗，冲洗废水由虹吸管流入水封井溢流到排水井中排掉，就这样自动进行冲洗过程。随着反冲洗过程的进行，冲洗水箱的水位逐渐下降，当水位降到虹吸破坏斗 17 以下时，虹吸破坏管 18 会将虹吸破坏斗中的水吸光，使管口露出水面，空气便大量由破坏管进入虹吸管，虹吸被破坏，冲洗结束，过滤又重新开始。

在滤池的运行过程中，遇到出水水质不理想，或者滤层阻力过大，可以进行人工强制反冲洗。打开水射器 20 处的人工强制反冲洗压力管阀门，通过压力水抽走虹吸管的空气，即可达到人为强制冲洗的目的。

4.3.2.3 虹吸滤池

虹吸滤池的主要特点是：利用虹吸作用代替滤池的进水阀门和反冲洗排水阀门操作，依靠滤池滤出水自身的水头和水量进行反冲洗。虹吸滤池一般是由 6~8 格滤池组成的一个整体，通常称为"一组滤池"或"一座滤池"。一组滤池平面形状可以是圆形、矩形或多边形，而以矩形为多。图 4-18 为由 6 格滤池组成的、平面形状为圆形的一组滤池剖面图，中心部分为冲洗废水排水井，6 格滤池构成外环。

图 4-18 右半部分表示过滤的情况。经过混凝澄清的水，由进水槽 1 流入滤池的环形配水槽 2，经进水虹吸管 3 流入每个单元滤池的进水槽 4，再从进水堰 5

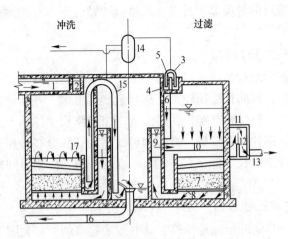

图 4-18 虹吸滤池的构造

1—进水槽；2—配水槽；3—进水虹吸管；4—单元滤池进水槽；5—进水堰；
6—布水管；7—滤层；8—配水系统；9—集水槽；10—出水管；11—出水井；12—出水堰；
13—清水管；14—真空罐；15—冲洗虹吸管；16—冲洗排水管；17—冲洗排水

溢流入布水管 6 进入滤池。进入滤池的水依次通过滤层、配水系统 8 进入环形集水槽 9，再由出水管 10 流入出水井 11，最后经过出水堰 12、清水管 13 流入清水池。

随着过滤过程的进行，过滤水头损失不断增加，由于出水堰 12 上的水位不变，因此滤池内的水位会不断上升。当某一单元滤池内水位上升至设定的高度时，即表明水头损失已达到最大允许值，这一单元滤池就需要进行冲洗。

图 4-18 左半部分表示冲洗的情况。当冲洗某一单元滤池时，首先破坏单元滤池进水虹吸管的真空，使该单元滤池停止进水，滤池水位迅速下降，到达一定水位时，就可以开始冲洗。反洗是利用真空罐 14 抽出冲洗虹吸管 15 中的空气，使其形成虹吸，并把滤池中的存水通过冲洗虹吸管 15 抽到池中心下部，再由冲洗排水管 16 排走。此时滤池内的水位下降，当集水槽 9 的水位与池内水位形成一定水位差时，反冲洗就开始。此时其他工作着的滤池的全部过滤水量都通过集水槽 9 进入被冲洗的单元滤池的底部集水空间，用于滤层冲洗。当滤层冲洗干净后，破坏冲洗虹吸管 15 的真空，冲洗停止，然后再启动进水虹吸管 3，滤池重新开始过滤。

4.3.3 其他过滤工艺

水的过滤技术已有数百年的发展历史，迄今国内外仍普遍采用粒状介质作为过滤材料（如石英砂、无烟煤等），用这类滤料的过滤装置都存在过滤速度、截污容量、出水水质等不能进一步提高的问题。近年来为提高水的过滤效率，开发出以合成纤维为滤料的过滤器。目前，纤维过滤器主要有纤维球过滤器和纤维束过滤器两种。

4.3.3.1　纤维球过滤器

纤维球过滤器的结构与普通过滤器相似。作为滤料的纤维球在滤层上部比较松散，基本呈球状，球间孔隙比较大，越接近滤层下部，纤维球由于自重及水力作用堆积得越密实，纤维相互穿插，形成了一个纤维层整体。于是整个滤层的上部孔隙率较大，下部孔隙率较低，近似理想滤器的孔隙分布。相同滤速时，纤维球的过滤周期比砂滤料长3倍左右，比煤砂双层滤料长1倍，并能有效去除微米级颗粒。

4.3.3.2　纤维束过滤器

纤维束过滤器是在纤维球过滤器基础上发展起来的，它克服了纤维球过滤器的出水水质和反洗效果方面的不足。

纤维束过滤目前已得到应用的有胶囊挤压式纤维过滤器和浮动式纤维水力调节密度过滤器，如图4-19所示，它们的本体结构与普通过滤器基本相同，内部滤料是悬挂一定密度的合成纤维，水由下而上流过滤层进行过滤，对水中悬浮杂质的吸附属于物理吸附。

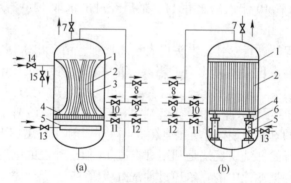

图 4-19　纤维束过滤器

（a）胶囊挤压式；（b）浮动式

1—上孔板；2—纤维束；3—胶囊；4—活动孔板（线坠）；5—配气管；6—控制器；
7—排空气门；8—出水门；9—清洗水入口门；10—上向洗排水门；11—下向洗排水门；
12—进水门；13—压缩空气进口门；14—胶囊充水进口门；15—胶囊排水门

胶囊挤压式纤维过滤器内上部为多孔板，板下悬挂丙纶长丝，在纤维束下悬挂活动孔板（线坠），活动孔板的作用是防止运行或清洗时纤维相互缠绕和乱层。另外，也起到均匀布水和配气作用，在纤维的周围或内部装有密封式胶囊，将过滤器分隔为加压室和过滤室。根据过滤器的直径不同，胶囊装置分为外囊式和内囊式两种，图4-19（a）是外囊式过滤器。运行时，首先将一定体积的水充至胶囊内，使纤维形成压实层，该压层的纤维密度由充水量而定。过滤水自下而上通过纤维滤层，到达过滤终点后，将胶囊中的水排掉，此时过滤室内的纤维又恢复到松散状态，然后在下向清洗的同时通入压缩空气，在水的冲洗和空气擦洗过程中，纤维不断摆动造成相互摩擦，从而将附着悬浮杂质的纤维表面清洗干净。

浮动式纤维水力调节密度过滤器的内部结构与胶囊挤压式纤维过滤器的不同点在于没有胶囊加压装置，而设有控制下孔板的控制装置。下孔板与控制器相连，其作用是控制下孔板移动时的水平度和垂直度，并限制孔板的移动速度和上限、下限。该过滤器是利用纤维的柔性及常温下纤维密度与水的密度基本相等、能稳定地悬浮在水中的特点运行的。在上升水流的驱动下，纤维层随之向上移动，由于上孔板的阻隔，纤维弯曲也被压缩，形成过水断面密度均匀的压实层；由于滤层纵向各点的水头损失逐渐变化，致使滤层的孔隙率由下而上呈递减状态，这就形成了理想的"反粒度过滤"装置。清洗时，清洗水由上而下流经滤层，将纤维拉直，再由下部通入压缩空气，利用气、水联合清洗，将纤维洗净。

4.3.3.3 直接过滤

在水处理系统中，为了去除天然水中悬浮杂质，通常在澄清池或沉淀池系统内进行絮凝处理，然后用过滤设备进行过滤。但是，当原水浊度较低时，可以不设澄清池或沉淀设备，即在原水中加入混凝剂，进行混凝反应后，直接引入过滤设备进行过滤，这种工艺称为直接过滤或称为混凝过滤、直流混凝，其工艺流程如图4-20所示。直接过滤机理是在粒状滤料表面进行接触混凝作用，再依靠深层（滤层）过滤滤除悬浮杂质。根据进入过滤装置前混凝程度不同，可分为两类：一是接触过滤；二是微絮凝直接过滤。

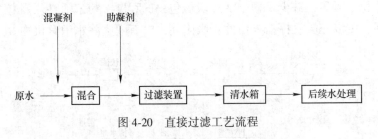

图4-20 直接过滤工艺流程

（1）接触过滤。接触过滤指的是在混凝剂加入水中混合后，将水引入到过滤设备中，即把混凝过程全部引入到滤层中进行的一种过滤方法，混凝过程在滤层中进行。

（2）微絮凝直接过滤。微絮凝直接过滤指的是在过滤装置前设一简易的微絮凝池或在一定距离的进水管上设置一静态混合器，原水加药混合后先经微絮凝池，形成微絮粒后即刻引入过滤设备进行过滤。形成的微絮凝体，再在滤层中与滤料间进一步发生接触凝聚，得到良好的过滤效果。

4.4 活性炭处理

水处理中使用活性炭的用途主要包括以下方面：

（1）在工业用水处理中将活性炭用来降低水中有机物和去除水中余氯，有的场合以降低水中有机物为主，有的场合以去除水中余氯为主，但在实际应用中，往往是对两者均起作用；

（2）在生活饮用水处理中，活性炭主要用来降低水中有机物，以降低水氯化消毒时产生的有致突变性的副产物；

（3）在废水处理中使用活性炭是用来吸附水中的重金属、油、有机污染物等。

4.4.1 吸附水中有机物的粉状活性炭处理

粉状活性炭吸附处理时是直接向水处理流程中投加粉末活性炭，经沉淀（或过滤）再将粉末活性炭从水中分离出来，在水处理中投加活性炭处理流程如图 4-21 所示。在水处理流程中粉末活性炭投加点有多处，可以在原水中投加，也可以在混凝澄清过程中（起点或中段）投加，或在滤池前投加。不同的投加点，对水中有机物去除情况会不同。最佳投加点应根据水质情况通过试验确定。研究发现，在混凝初期絮凝体正处于长大阶段，如投放粉末活性炭，粉末活性炭会被长大的絮凝体网捕、包裹起来，这就使活性炭发挥不了吸附作用，从而使有机物去除率下降。在混凝过程中，当絮凝体尺寸长大到与分散的粉末活性炭大小尺寸相近时投放粉末活性炭，这样既可避免吸附竞争，又因絮凝体已完成对水中胶体的脱稳、凝聚，减少了粉末活性炭被包裹的程度，粉末活性炭颗粒多处于絮凝体表面，可以充分发挥粉末活性炭吸附能力，有效去除水中有机物。

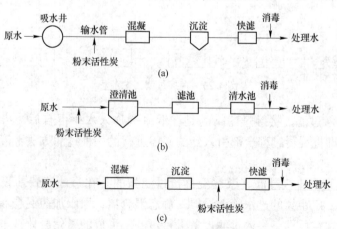

图 4-21　使用粉末活性炭的处理流程
（a）英国阿林顿水厂；（b）美国俄亥俄水厂；（c）美国某水厂

4.4.2 生物活性炭

生物活性炭是在活性炭吸附水中有机物的同时，又充分利用活性炭床中生长的微生物对水中有机物的生物降解作用，来延长活性炭的使用寿命，提高水中有机物去除效果，并能处理单纯用生化处理或单纯用活性炭吸附处理不能去除的有机物质。

在废水的生化处理中常见的生物膜技术（生物滤池或生物转盘），是利用细菌喜欢在固体或支持载体表面生长繁殖的特点，在滤床的滤料或转盘盘片表面形成生物膜，依靠生物膜中微生物的生物化学作用，将水中有机物质吸收并氧化，从而降低水中有机物含量。活性炭床中粒状活性炭滤料也是一种固体表面，微生物也会附着在其表面，形成生物膜。由于颗粒活性炭表面粗糙、吸附能力强，相比其他材料细菌更容易附着其上进行繁殖，微生物的存在，使活性炭在吸附水中有机物的同时又发生生物化学作用。

目前工业上生物活性炭技术多为臭氧-活性炭联用，典型的处理系统如图4-22所示。该系统中，在活性炭床前加入臭氧可以将水中大分子有机物氧化成小分子有机物，使原来不可以被生物降解的有机物转变为可以被生物降解的有机物，有利于微生物代谢，也有利于活性炭吸附；臭氧还可增加水的含氧量，更有利于生物活动。该系统将活性炭物理吸附水中有机物、臭氧氧化水中有机物、生物降解水中有机物三者相结合。

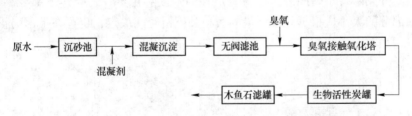

图 4-22　某臭氧-生物活性炭处理系统

4.5 除 碳 器

水中碳酸化合物存在下式的平衡关系：

$$H^+ + HCO_3^- \rightleftharpoons H_2CO_3 \rightleftharpoons CO_2 + H_2O$$

从上式可知，水中 H^+ 浓度越大，水中碳酸越不稳定，平衡越易向右移动。即水呈强酸性时水中碳酸化合物全部以游离 CO_2 形式存在。

根据亨利定律，一定温度下气体在溶液中的溶解度与液面上该气体的分压成正比，当液体中该气体组分的溶解量超过它溶解度时，它会从水中逸出。除碳器就是根据这一原理设计的，以去除水中的HCO_3^-。在除碳器中鼓入空气提高水中CO_2逸出速度，这种设备称为大气式除碳器；在除碳器上部抽真空降低CO_2在空气中的分压，这种设备为真空式除碳器。

4.5.1 大气式除碳器

大气式除碳器是一个圆柱形不承压容器，用钢板内衬胶或塑料制成，其结构如图4-23所示。上部有配水装置、下部有风室，柱内装有填料，除碳器风机一般采用离心式风机。

除碳器工作时，水从上部进入，经配水装置淋下，通过填料层后，从下部排入水箱。空气是由鼓风机送入装置底部，通过填料层后由顶部排出。

在除碳器中，由于填料的阻挡作用，从上面流下来的水流被分散成许多小股水流、水滴或水膜，增大了水与空气的接触面积。由于空气中CO_2含量很低，所以当空气和水接触时，水中的CO_2便会析出并能很快地被空气带走，排至大气。

4.5.2 真空式除碳器

真空式除碳器是利用真空泵或喷射器从除碳器上部抽真空，这种方法不仅能除去水中的CO_2，而且能除去溶于水中的O_2和其他气体。

真空式除碳器的基本构造如图4-24所示。由于除碳器是在负压下工作的，所以对其外壳除要求密闭外，还应有足够的强度和稳定性。壳体下部设存水区，其存水部分的大小应根据处理水量的大小及停留时间决定，也可在下部另设中间水箱以增加存水的容积。

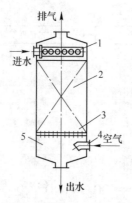

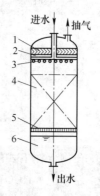

图 4-23 大气式除碳器结构示意图

1—配水装置；2—填料层；3—填料支撑；

4—风机接口；5—风室

图 4-24 真空式除碳器结构示意图

1—收水器；2—布水管；3—喷嘴；

4—填料层；5—填料支撑；6—存水区

真空除碳处理系统由真空式除碳器和真空系统组成。

真空设备有水射器、蒸汽喷射器和真空机组，图 4-25 为三级蒸汽喷射器的真空系统，图 4-26 为真空机组的真空系统。

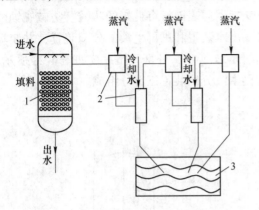 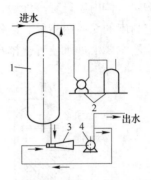

图 4-25　三级蒸汽喷射器的真空系统
1—除碳器；2—真空抽气装置；3—真空脱气热水箱

图 4-26　真空机组的真空系统
1—除碳器；2—真空机组；
3—水射器；4—输出水泵

由于水沸点随水面压力增大而上升，气体组分的溶解度随着温度的上升而下降，因此适当提高水温有利于脱除水中的 CO_2。

4.6　离子交换装置及运行操作

离子交换操作是利用离子交换剂除去水中含有的各种盐类，这些盐类在水中溶解为阳离子和阴离子，主要有 Ca^{2+}、Mg^{2+}、Na^+ 和 HCO_3^-、SO_4^{2-}、Cl^- 等，这种操作也称为水的软化处理。

凡是能够与溶液中的阳离子或阴离子具有交换能力的物质都称为离子交换剂。离子交换剂分无机质类和有机质类两大类。无机质类又可分天然的（如海绿砂）、人造的（如合成沸石）。有机质类又分碳质和合成树脂两类。其中碳质类如磺化煤等，合成树脂类分阳离子型如强酸性和弱酸性树脂，阴离子型如强碱性（Ⅰ型、Ⅱ型）和弱碱性树脂，其他类型的有氧化还原型树脂、两性树脂和螯合树脂等。电厂水处理中大都运用合成树脂去除水中溶解的阴阳离子。

水的离子交换处理是在离子交换装置中进行的，因此装有交换树脂的离子交换装置又可称为离子交换器、离子交换柱、离子交换床等，离子交换装置内的交换树脂层称为床层。离子交换装置的种类很多，其中的固定床离子交换器是离子交换除盐系统中用得最广泛的一种装置。离子交换装置根据用途的不同，又可分为阳离子交换器、阴离子交换器和混合离子交换器。

4.6.1 顺流再生离子交换器

交换器的主体是一个密封的圆柱形压力容器，交换器上设有人孔门、树脂装卸孔和用来观察树脂状态的窥视孔。交换器内表面衬有良好的防酸、防碱腐蚀的保护层，体内还设有多种形式的进水、出水装置和进再生液的分配装置，并装填一定高度的交换树脂层。设备结构如图 4-27 所示，外部管路系统如图 4-28 所示。交换器主要由进水装置、排水装置和再生液分配装置三部分组成。

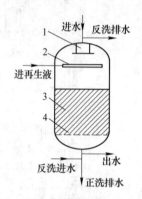

图 4-27 顺流再生离子交换器的内部结构图
1—进水装置；2—再生液分配装置；
3—树脂层；4—排水装置

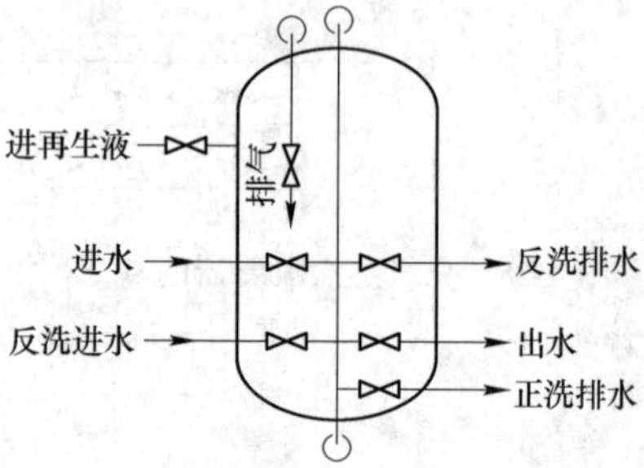

图 4-28 顺流再生离子交换
器的管路系统图

4.6.1.1 进水装置

进水装置的作用为：一是均匀分布进水于交换器的过水断面上；二是均匀收集反洗排水。进水装置的常用形式如图 4-29 所示。

漏斗式进水装置如图 4-29（a）所示。其结构简单，但当安装倾斜时容易发生偏流。在进行反洗操作时，需注意控制树脂层的膨胀高度，以防止树脂流失。

十字穿孔管式或圆筒式（又称为大喷头式）如图 4-29（b）、（c）所示。它们是在十字穿孔管或圆筒上开有许多小孔，管或筒外可包滤网或绕不锈钢丝形成细缝隙。

多孔板拧排水帽式的进水装置如图 4-29（d）所示。其布水均匀性较好，但结构复杂，常用的排水帽有塔式（K 形）、叠片式等。

4.6.1.2 排水装置

排水装置既用于均匀收集处理好的水，又均匀分配反洗进水，所以也称为配水装置。一般对排水装置布集水的均匀性要求较高，常用的底部排水装置如图 4-30所示。

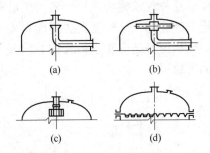

图 4-29　常用进水装置
（a）漏斗式；（b）十字穿孔管式；
（c）圆筒式；（d）多孔板拧排水帽式

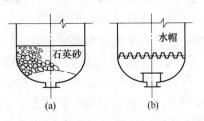

图 4-30　常用底部排水装置
（a）穹形孔板石英砂垫层式；
（b）多孔板加排水帽

在石英砂垫层式的排水装置中，穹形孔板起支撑石英砂垫层的作用，也可采用叠片式大排水帽，两者的布水均匀性都较好。

多孔板加排水帽式与上述进水装置中的多孔板拧排水帽式相同。

4.6.1.3　再生液分配装置

常用的再生液分配装置如图 4-31 所示。再生液分配装置应保证再生液均匀地分布在树脂层上。小直径交换器可不专设再生液分配装置，由进水装置分配再生液，大直径交换器一般采用母管支管式。

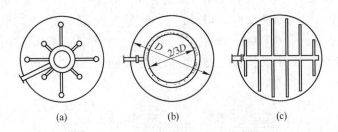

图 4-31　再生液分配装置
（a）辐射式；（b）圆环式；（c）母管支管式

此外，为了在反洗时使树脂层有膨胀的余地，并防止细小的树脂颗粒被反洗水带走，在交换器的上方，树脂层表面至进水装置之间应留有一定的反洗空间，这一空间称为水垫层。水垫层在一定程度上还可以防止进水直冲树脂层面，造成树脂表面凹凸不平，从而保证水流在交换器断面上分布均匀。

4.6.2　逆流再生离子交换器

由于逆流再生工艺中再生液及置换水都是从下向上流动的，如果不采取措施，流速稍大时，就会发生树脂层扰动的现象，这种现象称为乱层。若再生后期发生乱层，会将上层再生差的树脂或多或少地翻到底部，这样就失去逆流再生工艺的优点。为此，在采用逆流再生工艺时，必须从设备结构和运行操作方面采取措施，以防止溶液向上流动时发生树脂乱层的现象。

逆流再生离子交换器的结构如图 4-32 所示。与顺流再生离子交换器结构不同的是，在树脂层表面处设有中间排液装置，在中间排液装置上面加有压脂层。

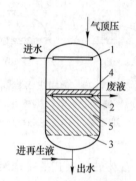

图 4-32　逆流再生离子交换器结构
1—进水装置；2—中间排液装置；
3—排水装置；4—压脂层；
5—树脂层

4.6.2.1　中间排液装置

中间排液装置的作用首先是使向上流动的再生液和清洗水能均匀地从此装置排走，不会因为有水流流向树脂层上面的空间而扰动树脂层，同时它还应有足够的强度；其次，它还兼作小反洗的进水装置和小正洗的排水装置。目前常采用的形式是母管支管式，其结构如图 4-33（a）所示。支管用法兰与母管连接，为防止离子交换树脂流失，支管上开孔或开细缝并加装网套，也有的在支管上设置排水帽。对于大直径的交换器，常采用碳钢衬胶母管和不锈钢支管。

此外，常用的中间排液装置还有插入管式，如图 4-33（b）所示。插入树脂层的支管长度一般与压脂层厚度相同，这种中间排液装置能承受树脂层上、下移动时较大的推力，不易弯曲、断裂。图 4-33（c）所示为支管式的中间排液装置，一般适用于较小直径的交换器，支管的数量可根据交换器直径的大小选择。

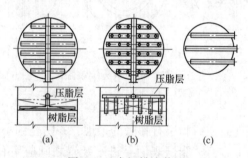

图 4-33　中间排液装置
（a）母管支管式；（b）插入管式；（c）支管式

4.6.2.2　压脂层

设置压脂层的目的是在溶液向上流动时树脂不乱层。压脂层的作用为：一是过滤掉水中的悬浮物及浊质，以免污染下部树脂层；二是在再生过程中，可以使顶压空气或水通过压脂层时，均匀地作用于整个树脂层表面，从而起到防止树脂层向上移动或松动的作用。

4.6.3 浮床式离子交换器

习惯上将运行时水流向上流动，再生时再生液向下流动的对流水处理工艺称为浮动床水处理工艺。它省去了中间排液装置，减少了中间排液装置易损坏引起的麻烦，与逆流再生工艺一样，也使出水端树脂层再生得最好。采用浮动床水处理工艺运行的设备称为浮床式离子交换器，也简称为浮动床，或称为浮床。

浮动床的运行是在整个树脂层被托起的状态下（称为成床）进行的，离子交换反应在向上流动的过程中完成。树脂失效后，停止进水，使整个树脂层下落，进行自上而下的再生。

浮动床本体结构如图 4-34 所示，管路系统如图 4-35 所示。

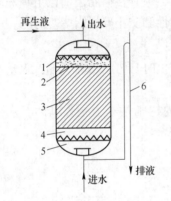

图 4-34　浮动床本体结构示意图
1—顶部出水装置；2—惰性树脂层；3—树脂层；
4—水垫层；5—下部进水装置；6—倒 U 形排液管

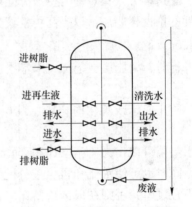

图 4-35　浮动床管路系统示意图

4.6.3.1 底部进水装置

底部进水装置用于分配进水和汇集再生废液。有穹形孔板石英砂垫层式、多孔板加排水帽式（见图 4-30），由于浮动床流速较高，为防止高速水流冲起石英砂，在穹形孔板内再加一挡板。大、中型设备大都用穹形孔板石英砂垫层式，但当进水浊度较高时，会因截污过多，清洗困难。

4.6.3.2 顶部出水装置

顶部出水装置用于收集处理好的水、分配再生液和清洗水。常用的形式有多孔板夹滤网式、多孔板加排水帽式和弧形母管支管式，前两者多用于小直径浮动床；大直径浮动床多采用弧形母管支管式的出水装置，如图 4-36 所示。该装置的多孔弧形支管外包滤网，网内衬一层较粗的起支撑作用的塑料窗纱。

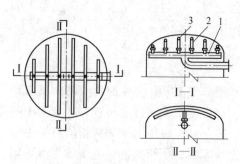

图 4-36　弧形母管支管式出水装置
1—母管；2—支撑短管；3—弧形支管

多数浮动床以出水装置兼作再生液分配装置，由于再生液流量比进水流量小得多，故这种方式很难使再生液分配均匀。为此，通常在树脂层面以上填充小于水密度的惰性树脂层，以提高再生液分布的均匀性和防止碎树脂堵塞滤网。

4.6.3.3　树脂层和水垫层

运行时，树脂层在上部，水垫层在下部；再生时，树脂层在下部，水垫层在上部。

为防止成床或落床时树脂层乱层，浮动床内树脂基本上是装满的，水垫层很薄。

水垫层可以作为树脂层体积变化时的缓冲高度，同时也可使水流和再生液分配均匀。水垫层不宜过厚，否则在成床或落床时，树脂会乱层。若水垫层厚度不足，则树脂层体积增大时会因没有足够的缓冲高度，而使树脂受压、挤碎、结块，增大运行阻力等。

4.6.3.4　倒 U 形排液管

浮动床再生时，若废液直接由底部排出容易造成交换器内负压而进入空气，进入的空气若在上部树脂层积聚，会使这里的树脂不能与再生液充分接触。因此，常在再生排液管上加装如图 4-37 所示的倒 U 形管，并在倒 U 形管顶开孔通大气，以破坏可能造成的虹吸。

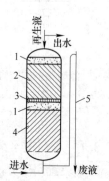

图 4-37　双室双层浮动床结构示意图
1—惰性树脂层；2—强型树脂层；
3—多孔板；4—弱型树脂层；
5—倒 U 形排液管

4.6.3.5　树脂捕捉器

浮床中常处于树脂层面的细碎树脂，容易随出水穿过滤网或水帽，因此需在出水管路上安装树脂捕捉器。

4.6.4 混合床除盐

混合床离子交换器是一个圆柱形压力容器，有内部装置和外部管路系统。混合床内主要装置有上部进水、下部配水、进碱、进酸及进压缩空气装置，在体内再生混合床中部的阴、阳离子交换树脂分界处设有中间排液装置。混合床结构如图 4-38 所示，管路系统如图 4-39 所示。

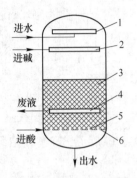

图 4-38　混合床结构示意图
1—进水装置；2—进碱装置；
3—树脂层；4—中间排液装置；
5—下部配水装置；6—进酸装置

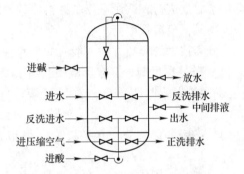

图 4-39　混合床管路系统示意图

4.7　膜分离技术

膜分离技术是利用特殊的有机或无机材料制成的具有选择透过性能的薄膜，在外力推动下对混合物进行分离、提纯、浓缩的一种分离方法。这种推动力可以分为两类：一类借助外界能量，物质发生由低位向高位的流动；另一类是以化学位差为推动力，物质发生由高位向低位的流动。表 4-2 列出了一些主要膜分离过程的推动力。这种薄膜必须具有选择性通过的特性，即有的物质可以通过，有的物质被截留。

表 4-2　主要膜分离过程的推动力

推　动　力	膜分离过程
压力差	反渗透、超滤、微滤、气体分离
电位差	电渗析、电除盐
浓度差	透析、控制释放

推 动 力	膜分离过程
浓度差（分压差）	渗透汽化
浓度差加化学反应	液膜、膜传感器

与传统的分离技术（蒸馏、吸附、萃取、深冷分离等）相比，膜分离技术可以在常温下进行，适用于热敏感物质的处理，可分离相对分子质量为几百甚至几十的物质，分离效率高。

膜分离技术的分类方法一般有如下几种：

（1）按分离机制分，有反应膜、离子交换膜、渗透膜等；

（2）按膜材料性质分，有天然膜（生物膜）和合成膜（有机膜和无机膜）；

（3）按膜的形状分，有平板式（框板式与圆管式、螺旋卷式）、中空纤维式等；

（4）按膜的用途分，目前常见的有微滤（MF）、超滤（UF）、纳滤（NF）、反渗透（RO）、渗析（D）、电渗析（ED）、电除盐（EDI）、气体分离（GS）、渗透蒸发（PV）及液膜（LM）等。

现将几种主要的膜分离法的特点和使用范围归纳于表 4-3 和图 4-40 中。

4.7.1 反渗透

反渗透装置由反渗透本体、泵、保安过滤器、清洗设备与相关的阀、仪表及管路等组成。将膜和支撑材料以某种形式组装成的一个基本单元设备称为膜元件；一个或数个膜元件按一定的技术要求连接，装在单只承压膜壳（压力容器）内，可以在外界压力下实现对水中各组分分离的器件称为膜组件。在膜分离的工业应用装置中，一般根据处理水量，可由一个至数百个膜组件组成反渗透装置本体。

工业上常用的膜组件形式主要有板框式、圆管式、螺旋式、中空纤维式四种类型。下面分别介绍上述这四种常用的膜组件。

4.7.1.1 板框式反渗透器

板框式反渗透器由几十块承压板组成，外观很像普通的板框式压滤机。承压板两侧覆盖微孔支撑板和反渗透膜，将这些贴有膜的板和压板层层间隔，用长螺栓固定后，一起装在密封的耐压容器中构成板框式反渗透器。当一定压力的盐水通过反渗透膜表面时，产水从承压的多孔板中流出，装置如图 4-41 所示。

表 4-3 各种膜分离技术特点

过程	分离目的	组分	截留组分	透过组分	推动力	传质机理	膜类型	进料和透过物的物态
微滤(MF)	溶液脱粒子、气体脱粒子	溶液、气体	0.05~15μm 粒子	大量溶剂及少量小分子溶质和大分子溶质	压力差约100kPa	筛分	多孔膜	液体或气体
超滤(UF)	溶液脱大分子、大分子溶液脱小分子、大分子溶液分级	小分子溶液	1~50nm 大分子溶质	大量溶剂、小分子溶质	压力差100~1000kPa	筛分	非对称膜	液体
反渗透(RO)	溶剂脱溶质、含小分子溶质溶液浓缩	溶剂	0.1~1nm 小分子溶质	大量溶剂	压力差1000~10000kPa	优先吸附、毛细管流动、溶解-扩散	非对称膜或复合膜	液体
渗析(D)	大分子溶质溶液脱小分子、小分子溶液脱大分子	小分子溶质或较小的溶质	大于0.02μm 血液渗析中大于0.005μm截留	较小组分或溶剂	浓度差	筛分、微孔膜内的受阻扩散	非对称膜或离子交换膜	液体
电渗析(ED)	溶液脱离子、离子溶质的浓缩、离子的分级	少离子组分	离子和水	少量离子组分及水	电位差	离子经离子交换膜的迁移	离子交换膜	液体
气体分离(GS)	气体混合物分离、富集或特殊组分脱除	气体、较小组分、小分子或中易溶组分	较大组分（除非膜中溶解度高）	两者都有	压力差1000~10000kPa（分压差）	溶解-扩散	均质膜、复合膜、非对称膜	气体
渗透蒸发(PV)	挥发性液体混合物分离	膜内易溶解组分或易挥发组分	不易溶解组分或较难挥发物	少量组分	分压差、浓度差	溶解-扩散	均质膜、复合膜、非对称膜	料液为液体，透过物为气态

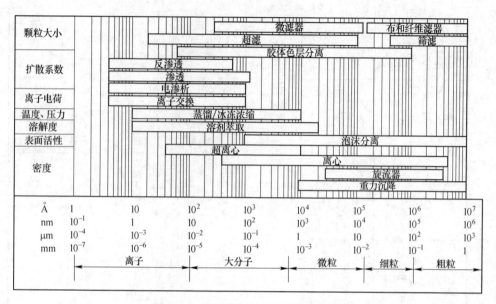

图 4-40 各种膜分离方法的适用范围

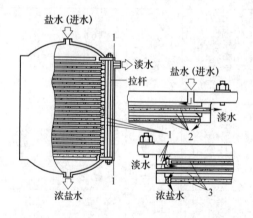

图 4-41 板框式反渗透器

1—O 形密封环；2—膜；3—多孔板

　　承压板主要作用是支撑膜和为淡水提供通道，一般由耐压、耐腐蚀材料如环氧-酚醛玻璃钢烧结而成，或由不锈钢、铜材等制成。膜的支撑材料可用各种工程塑料、金属烧结板，也可用带有沟槽的模压酚醛板等多孔材料。这种板框式反渗透器的体积较大且笨重。

　　图 4-42 所示为新式板框反渗透器。原液以串联方式通过每块承压板上覆盖的反渗透膜，可根据产水量不同将一组或多组并联成较大的装置。每块承压板的

表面设有许多横隔条，以减少浓差极化。为使浓水和淡水互不渗漏，采用了一大一小两个 O 形密封环。

由于板框式反渗透器构造简单且可以单独更换膜片，因此在小规模的生产场所和研究中有一定的优越性，在废水处理中也有应用。

4.7.1.2　圆管式反渗透器

圆管式反渗透器结构主要是把膜和支撑体均制成管状，使两者重合在一起，或者直接把膜刮在支撑管上。装置分内压式和外压式两种：将制膜液涂在耐压支撑管内，水在外界压力下从管内透过膜并由套管的微孔壁渗出管外的装置称为内压式；而将制膜液涂在耐压支撑管外，水在外界压力推动下从管外透过膜并由套管的微孔壁渗入管内的装置称为外压式。外压式因流动状态不好，单位体积的透水量小，需要耐高压外壳，故应用较少。

把许多单管膜元件以串联或并联方式连接，然后把管束放置在一个大的收集管内，组装成一个管束式反渗透膜组件。原水由装配端的进口流入，经耐压管内壁的膜，于另一端流出，透过膜后淡水由收集管汇集。管式反渗透器（串联）如图 4-43 所示。

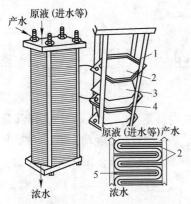

图 4-42　新式板框反渗透器

1—板框；2—反渗透膜；3—导水分隔板；
4—O 形密封环；5—导水支撑板

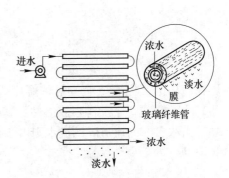

图 4-43　管式反渗透器（串联）

管式反渗透膜能够处理含悬浮颗粒的水（液体），运行期间系统可以保持良好的排水作用，适当调整水力条件，可以预防水的浓缩及膜堵塞。

4.7.1.3　螺旋卷式反渗透膜组件

螺旋卷式反渗透膜组件在两层膜中间为多孔支撑材料组成的"双层结构"。双层膜的三个边的边缘与多孔支撑材料密封形成一个膜袋（收集产水），两个膜袋之间再铺上一层隔网（盐水隔网），然后插入中间冲孔的塑料管（中心管），插入边缘处密封后沿中心管卷绕这种多层材料（膜+多孔支撑材料+膜+进水隔网），就形成一个螺旋式反渗透膜元件，如图4-44所示。图4-44（a）为多孔中心管起绕端，图4-44（b）为螺旋式卷绕过程，图4-44（c）为卷好的螺旋式元件。

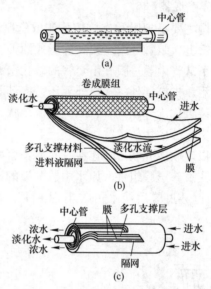

图 4-44 螺旋式反渗透膜元件
（a）多孔中心管；（b）螺旋式卷绕；（c）螺旋式膜元件

在使用中，将1~6个卷好的螺旋式膜元件串接起来，放入一个膜壳（压力容器）中，构成一个反渗透膜组件。其中进水与中心管平行流动，被浓缩后从另一端排出浓水，而通过膜的淡水则由多孔支撑材料收集起来，由中心管排出，如图4-45所示。

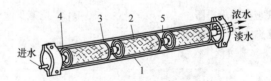

图 4-45 螺旋式反渗透膜组件
1—管式压力容器；2—螺旋式膜元件；3—密封圈；
4—密封端帽；5—密封连接

4.7.1.4 中空纤维式反渗透器

中空纤维式反渗透膜是一种极细的空心膜管。这种装置类似于一端封死的热交换器，把大量的中空纤维管束一端敞开，另一端用环氧树脂封死，放入一种圆筒形耐压容器中，或者如图4-46将中空纤维弯曲成U形装入耐压容器中，纤维的开口端用环氧树脂浇铸成管板，纤维束的中心部位安装一根进水分布管，使水流均匀。纤维束的外部用网布包裹以固定纤维束并促进进水的湍流状态。淡水透过纤维管壁后在纤维的中空内腔经管板流出，而浓水则在容器的另一端排掉。

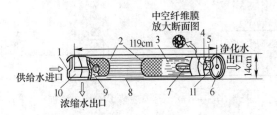

图4-46 中空纤维式反渗透器结构

1，11—O形密封环；2—流动网格；3，9—中空纤维膜；
4—环氧树脂管板；5—支撑管；6，10—端板；7—供给水分布管；8—壳

4.7.1.5 槽条式反渗透器

槽条式反渗透器，如图4-47所示。它是用聚丙烯材料在挤压机上挤压成直径3.2mm的长条，在其表面纵向开3~4条沟槽，长条表面再纺织上涤纶长丝或其他材料（如玻璃纤维/尼龙等），然后在涤纶丝上涂刮上铸膜液，形成膜层，再加工成一定长度，用几十或几百根组成束，装入耐压容器，装配成槽条式反渗透器。这种装置在单位体积内有效膜表面积也很大，能与螺旋式反渗透器相比拟。

几种反渗透膜组件的优缺点及其特性比较列于表4-4中。

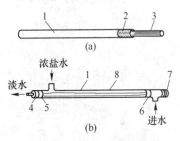

图4-47 槽条式反渗透器

(a) 膜支撑结构；(b) 膜组件图

1—膜；2—涤纶编织层；

3—直径3.2mm的聚丙烯条；

4—多孔支撑体；5—橡胶密封；

6—套衬；7—端板；8—耐压管

表4-4 反渗透装置的主要特性比较

种类	膜装填密度/$m^2 \cdot m^{-3}$	透水量/$m^3 \cdot (m^2 \cdot d)^{-1}$	单位体积产水量/$m^3 \cdot (m^2 \cdot d)^{-1}$
板框式	493	1.020	500
内压管式	330	1.020	336
外压管式	330	0.600	220
螺旋式	660	1.020	673
中空纤维式	9200	0.073	673

4.7.2　反渗透装置及其基本流程

反渗透水处理系统通常由给水前处理、反渗透装置本体及其后处理三部分组成。反渗透装置本体部分包括能去除水中微粒的保安过滤器、高压泵、反渗透本体、清洗装置和有关仪表控制设备，如图 4-48 所示。

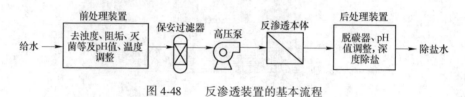

图 4-48　反渗透装置的基本流程

实际使用中反渗透的流程有很多，常见的形式如图 4-49 所示。

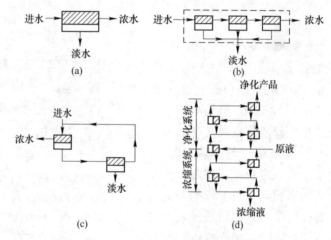

图 4-49　反渗透工艺流程示意图
（a）一级；（b）一级多段；（c）二级；（d）多级（多用于产品净化及浓缩）

（1）一级流程是指在有效膜面积保持不变时，原水一次通过反渗透器便能达到要求的流程。此流程操作简单，耗能少。

（2）一级多段流程是指在反渗透处理水时，如果一次处理水回收率达不到要求，可将第一段浓水作为第二段给水，依此类推。由于有产水流出，第二段、第三段等各段给水量逐级递减，所以此流程中有效膜截面积也逐段递减。

（3）当一级流程出水水质达不到要求时，可采用二级流程的方式。把一级流程得到的产水，作为二级的进水，进行再次淡化。

由此可见，反渗透中的所谓级是指水通过反渗透膜处理的次数。当进水一次通过膜时，就称为一级处理；一级处理出水再经过膜处理一次，就称为二级处理。在工业用水处理中，很少有三级或三级以上的处理，在废水处理中，个别场合可以采用三级处理。一级处理的出水需用水箱收集后用泵升压才能进入二级反渗透，二级反渗透的浓水由于水质很好，可以回收进入一级给水，以提高水回收率，减少水的浪费。反渗透中的多段处理是提高水回收率的有效手段，第一段反渗透处理的浓水（排水）再经过一次反渗透，就是第二段反渗透处理；同理，也可以设置第三段反渗透，第三段进水是第二段的浓水，水中含盐量也很高，水的渗透压也高，反渗透所需的工作压力也高，有时需增设升压泵及必要的水软化装置（减少结垢）。

水的最大回收率与膜壳中装入的膜元件个数的关系见表 4-5。

表 4-5　水通过膜元件个数与其最大回收率关系

水通过的膜元件个数/个	1	2	4	6	8	12	18
最大回收率/%	16	29	40	50	64	75（78.4）	87.5

大型反渗透水处理装置常在一个膜壳内装 6 个膜元件，当处理水量小时，可仅用一个膜组件，如图 4-50（a）所示。若处理水量大时，可用多个膜组件并联，如图 4-50（b）所示；此即一级一段反渗透装置，水回收率约 50%。

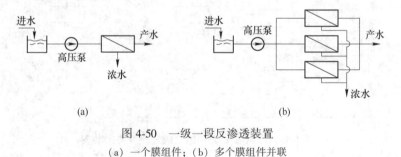

图 4-50　一级一段反渗透装置
（a）一个膜组件；（b）多个膜组件并联

图 4-50~图 4-52 中每个 ⬚ 代表一个膜组件，内装 4 个（见图 4-52）及 6 个（见图 4-50 和图 4-51）卷式膜元件。

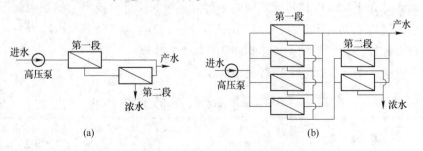

图 4-51　一级二段反渗透装置
（a）一个膜组件；（b）多个膜组件并联

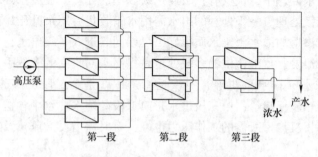

图 4-52   一级三段反渗透装置

若要提高水回收率, 可以采用一级二段反渗透器, 如图 4-51 所示。每个膜壳内装 6 个膜元件, 它的水回收率可达 75%。要求第一段反渗透膜元件和第二段反渗透膜元件中的浓水流量相似且不低于规定值, 以防止浓差极化。

三段反渗透装置流程如图 4-52 所示, 水回收率可达到 75%。

二级反渗透可以设计为二级二段或二级三段, 二级三段流程如图 4-53 所示。

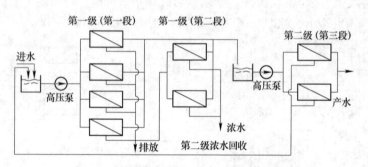

图 4-53   水回收率 75% 的二级三段反渗透装置

4.7.3 纳滤

纳滤是介于反渗透和超滤之间的一种分子级的膜分离技术。纳滤也属于压力驱动型膜过程, 它适用于分离相对分子质量在 150~200、分子大小约为 1nm 的溶解组分, 故被称为 "纳滤", 纳滤的膜称为 "纳滤膜"。

反渗透、纳滤、超滤的比较见表 4-6。

表 4-6   目前工业用反渗透、纳滤、超滤的比较

项目	膜类型	操作压力 /MPa	切割相对 分子质量	对一价离子 (如 Na^+) 脱出率/%	对二价离子 (如 Ca^{2+}) 脱出率/%	对水中有机物、细菌、病毒脱除
反渗透	无孔膜	1~1.5	<100	>98	>99	全部脱除

续表4-6

项目	膜类型	操作压力/MPa	切割相对分子质量	对一价离子（如 Na^+）脱出率/%	对二价离子（如 Ca^{2+}）脱出率/%	对水中有机物、细菌、病毒脱除
纳滤	无孔膜（约 1nm）	0.5	200~1000	40~80	95	全部脱除，少量小分子非解离有机物透过
超滤	有孔膜	0.1~0.2	>6000			脱除大分子、有机物、细菌脱除

纳滤膜主要应用于水的软化、果汁浓缩、多肽和氨基酸分离、糖液脱色与净化等方面。

4.7.4 超滤和微滤

超滤（UF）和微滤（MF）同属于压力驱动型膜工艺系列。

超滤是介于微滤和纳滤之间的一种膜过程，超滤的典型应用是从溶液中分离大分子物质、胶体、蛋白质。

微滤所分离的组分主要去除微粒、亚微粒和细粒物质。MF 多用于半导体及电子工业超纯水的终端处理、反渗透的首端前处理，在啤酒与其他酒类的酿造中，用来除去微生物与异味杂质等，过滤细菌、酵母、血球等。

4.7.5 电渗析和电除盐

电渗析（简称为 ED）是一种利用电能的膜分离技术。它以直流电为推动力，利用阴、阳离子交换膜对水中阴、阳离子的选择透过性，使某一水体中的离子通过膜转移到另一水体中的物质分离过程。

离子交换膜是用离子具有选择透过性的高分子材料制成的薄膜。离子交换膜之所以具有选择性，是因为膜上孔隙和膜上离子活性基团的作用。在水溶液中，这种膜的高分子母体（以 R 来代表）是不溶解的。膜上的活性基团发生解离产生离子（H^+ 和 OH^-）进入溶液。于是，在阳膜上就留下带有强烈负电场的阴离子（RSO_3^-），带有正电荷的阳离子就可以通过阳膜，而带有负电荷的阴离子却不能，如图 4-54 所示。同理，阴膜的活性基团具有强烈的正电场，只能透过阴离子而不能透过阳离子。这种与活性基团所带的电荷相反的离子穿过膜的现象，称为反离子迁移，这就是电渗析的作用原理。

电渗析器主要部件是阴、阳离子交换膜，浓、淡水隔板，正、负电极，电极框，导水板和夹紧装置（或压紧装置）。用夹紧装置把上述各部件压紧，即成为电渗析装置。在直流电场的作用下，阴离子向阳极方向移动，阳离子向阴极方向移动，如图4-55所示。

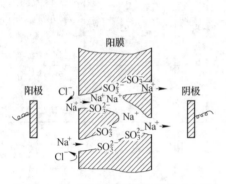

图 4-54 膜选择性透过阳离子的示意图

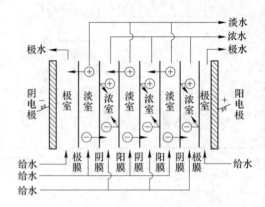

图 4-55 电渗析作用原理示意图

4.7.5.1 电渗析装置

电渗析器主要由膜堆、极区和夹紧装置三部分构成。

膜堆是由浓、淡水隔板和阴、阳离子交换膜交替排列而成，由阴膜、淡水隔板、阳膜、浓水隔板各一张构成膜堆的基本单元，称为膜对。膜堆即是由若干膜对组合而成的总体。

极区包括电极、电极框和导水板。其中，导水板的作用是将给水由外界引入电渗析器各个隔室和由电渗析器引出。

A 隔板

隔板是形成电渗析器浓、淡水室的框架。用它将阴、阳离子交换膜隔开，也是浓、淡水的通道。隔板由隔板框和隔板网组成。隔板框是隔板中用于绝缘和密封的边框部分，隔板网是隔板中用于强化水流湍流效果和隔开膜的部件。一般浓水室隔板和淡水室隔板的区别是连接配集水孔（又称为进出水孔）的配集水槽（又称为布水槽）位置不同，如图4-56所示。总之，淡水室隔板的配集水孔的配集水槽使淡水室仅和淡水进出水管相通，浓水室仅和浓水进出水管相通。

隔板按隔板网的形式不同，有网式、冲模式和鱼鳞网式等。按隔板中的水流情况来分，又分为有回路和无回路两大类，如图4-57所示。同类尺寸大小的隔板，无回路的产水量大，有回路的除盐率高，但有回路的由于流程长，水流阻力相对也较大。

B 离子交换膜

离子交换膜按其膜结构来分，分为异相膜和均相膜两大类。异相膜是将离子

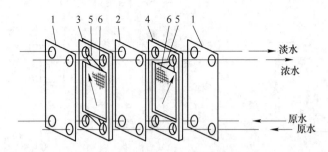

图 4-56 电渗析隔板水流系统示意图

1—阳膜；2—阴膜；3—淡室隔板；4—浓室隔板；5—布水槽；6—隔板网

交换树脂磨成细粉，加入黏合材料，经过混炼、热压而成。这种膜化学结构不是均一的，它是树脂和高分子黏合剂共混的产物。制造过程中又加入了增柔剂等，所以弹性较好，但它的选择透过性较低，渗水、渗盐性较大，电阻也较高。均相膜是由含有活性基团的均一高分子材料制成的薄膜，它的活性基团分布均一，电化学性能较好。

离子交换膜按膜的活性基团进行分类，分为阳膜、阴膜及特种膜等。

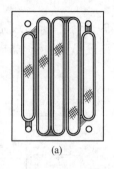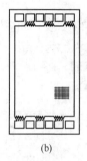

(a)	(b)

图 4-57 有回路与无回路隔板

(a) 有回路隔板；(b) 无回路隔板

C 电极和导水板

电极是电渗析器中导电的基本部件，是电渗析除盐的推动力。

在电渗析器中，导水板是将水由外界引入和导出的装置。导水板有两种：一种是装在电渗析器两头的端导水板；另一种是多级多段中的中间导水板。

4.7.5.2 电渗析器工艺系统

在各种水处理中电渗析可单独使用，也可与其他水处理技术联用。以下是常用的三种电渗析除盐工艺系统：

(1) 原水—预处理—电渗析；

(2) 原水—预处理—电渗析—离子交换除盐；

(3) 原水—预处理—电渗析—软化。

另外，还有与蒸馏的、反渗透联用的各种工艺系统。

电渗析器一般分为直流式、循环式和部分循环式三种，如图 4-58 所示。

(1) 直流式也称为连续式。其进水流过单台或多台串联或多台串联、并联的电渗析器后，出水达到除盐要求。

直流式电渗析器的组合有级和段之分，如一级一段、一级多段、多级一段和

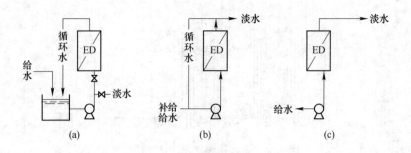

图 4-58 电渗析器本体的三种工艺系统示意图
(a) 循环式；(b) 部分循环式；(c) 直流式

多级多段，如图 4-59 所示。所谓级是指电极对数目，一对电极称为一级，两对电极称为二级。所谓段是指水流方向一致的膜对（膜堆），改变一次水流方向就增加一段。

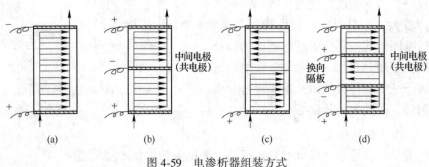

图 4-59 电渗析器组装方式
(a) 一级一段；(b) 二级一段；(c) 一级二段；(d) 二级三段

（2）循环式也称为间歇式或分批式系统。在电渗析器和贮水箱之间将水进行循环处理，当达到所需水质时，才供出水使用，再进行新一批水的循环。它是间歇式或分批式的供水，对于进水变化的适应性强，适用于除盐率要求较高、处理量不大的情况。

（3）部分循环式是直流式和循环式相结合的一种系统。在电渗析器出口的淡水分两路，一路当达到所需水质时就供出水使用，否则进入第二台电渗析器进一步除盐，或返回进水进行循环处理。

4.7.6 电除盐

电除盐或电去离子（EDI），也称为连续去离子（CDI），是电渗析和离子交换技术的结合，也是性能优于两者的一种新型的膜分离技术。

　　这种新装置实际上是在电渗析器中填装了离子交换树脂,用来替代制取超纯水系统的终端处理的混床。

　　EDI 设备是以电渗析装置为基本结构,在其中装填强酸阳离子交换树脂和强碱阴离子交换树脂（颗粒、纤维或编织物）。按树脂的装填方式 EDI 分为下列几种形式:

　　(1) 只在电渗析淡水室的阴膜和阳膜之间充填混合离子交换树脂;

　　(2) 在电渗析淡水室和浓水室中间都充填混合离子交换树脂;

　　(3) 在电渗析淡水室中放置由强碱阴离子交换树脂层和强酸阳离子交换树脂层组成的双极膜,称为双极膜三隔室填充床电渗析。

　　EDI 工作过程如图 4-60 所示。在电场、离子交换树脂、离子交换膜的共同作用下, EDI 完成除盐过程。

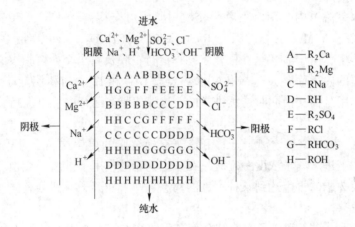

图 4-60　EDI 工作过程

　　含盐水进入 EDI 后,首先与离子交换树脂进行离子交换,改变了流道内水溶液中离子的浓度分布。离子交换树脂对水中某种离子可优先交换,即离子具有交换选择性,表 4-7 和表 4-8 为在淡水室流道内凝胶型树脂的选择系数值。在 EDI 淡水室流道内,离子交换树脂将根据选择系数及离子浓度对水中离子成分按一定顺序进行交换吸附。

表 4-7　强酸阳离子交换树脂选择系数的近似值

K_H^{Na}	1.5~2.0	K_{Li}^{Na}	2.0
K_H^K, $K_H^{NH_4}$	2.5~3.0	K_{Na}^{Ca}	3~6
K_{Na}^K	1.7	K_{Na}^{Ma}	1.0~1.5

表 4-8　强碱阴离子交换树脂选择系数的近似值

$K_{Cl}^{NO_3}$	3.5~4.5	$K_{Cl}^{SO_4}$	0.11~0.15
K_{Cl}^{Br}	3	$K_{CO_3}^{HSO_4}$	2~3.5
K_{Cl}^{F}	0.1	$K_{NO_3}^{SO_4}$	0.04
$K_{Cl}^{HCO_3}$	0.3~0.8	K_{OH}^{Cl}	10~20（Ⅰ型）
K_{Cl}^{CN}	1.1		1.5（Ⅱ型）

EDI 中，在直流电场作用下，使阴、阳离子分别定向迁移，分别透过阴膜和阳膜，使淡水室离子得到分离。在流道内，电流的传导不再单靠阴、阳离子在溶液中的运动，也包括了离子的交换和离子通过离子交换树脂的运动，因而提高了离子在流道内的迁移速度，加快了离子的分离。

在淡水室流道内，阴、阳离子交换树脂因可交换离子不同，有多种存在形态，如 R_2Ca、R_2Mg、RNa、RH、R_2SO_4、RCl、$RHCO_3$、ROH 等。关于离子交换树脂的再生，由于 EDI 是在极化状态下运行，膜及离子交换树脂表面（甚至包括树脂孔道的内表面）发生极化，水解离成 OH^- 和 H^+，对树脂起了再生作用，这个再生作用是与交换同时连续进行的，这使树脂在运行中一直保持为良好的再生态。

EDI 中，离子交换、离子迁移和离子交换树脂的再生这三个过程同时进行，相互促进。当进水离子浓度一定时，在一定电场的作用下，离子交换、离子迁移和离子交换树脂的再生达到某种程度的动态平衡，使离子得到分离，实现连续去除离子的效果。

EDI 作为电渗析和离子交换结合而产生的技术，主要用于以下场合：

（1）在膜脱盐之后替代复床或混合床制取纯水；

（2）在离子交换系统中替代混床；

（3）用于半导体等行业冲洗水的回收处理。

EDI 技术与混床、ED、RO 相比，可连续生产，产水品质好，制水成本低，无废水、化学污染物排放，有利于节水和环保。

5 废水资源化处置

5.1 隔 油 池

　　利用油和水的密度差除去废水中的油，这样的处理设备称为隔油池，常用的隔油池有平流式与斜流式两种形式。图 5-1 为典型的平流式隔油池。

　　当废水从隔油池的一端流入，流动过程中，密度小于水的油粒上浮到水面，密度大于水的颗粒杂质沉于池底，水从隔油池的另一端流出。在隔油池的出水端设置集油管，集油管一侧开槽口，集油管可以绕轴线转动。排油时将集油管的开槽方向转向水平面以下收集浮油，并将浮油导出池外。在大型隔油池还设置刮油刮泥机。刮油刮泥机的刮板移动速度一般与池中流速相近，收集在排泥斗中的污泥由设在池底的排泥管借助静水压力排走。

　　平流式隔油池表面一般设置盖板，便于冬季保持浮渣的温度，以保持它的流动性，同时还可以防火与防雨。在寒冷地区还在池内设置加温管，以便必要时加温。

　　斜板式隔油池如图 5-2 所示。这种形式的隔油池可分离油滴的最小直径约 60μm。

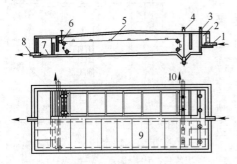

图 5-1　平流式隔油池

1—进水管；2—配水槽；3—进水闸；
4—泥阀；5—刮油刮泥机；6—集油管；7—出水槽；
8—出水管；9—盖板；10—排泥管

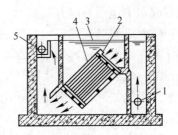

图 5-2　斜板式隔油池

1—进水管；2—布水板；
3—集油管；4—斜板；
5—出水管

　　隔油池的浮渣，以油为主，也含有水分和一些固体杂质。仅仅依靠油滴与水的密度差产生上浮而进行油、水分离，油的去除效率一般为 70%～80%，隔油池的出水仍含有一定数量的乳化油和附着在悬浮固体上的油分。

5.2 浮 上 法

浮上法常用于从液体中分离出低密度固体或液态颗粒，是一种固-液和液-液分离方法。

这种处理技术是将空气以微小气泡形式通入水中，使微小气泡与在水中悬浮的颗粒黏附，形成水-气-颗粒三相混合体系，颗粒黏附上气泡后，密度小于水即上浮水面，从水中分离出去，形成浮渣层。

在废水处理技术中，分离固-液或液-液技术的浮上法主要应用在下述几个方面：

(1) 石油、化工及机械制造业中的含油（包括乳化油）废水的油水分离；
(2) 废水中有用物质的回收，如造纸厂废水中的纸浆纤维及填料的回收；
(3) 取代二次沉淀池，特别适用于易于产生活性污泥膨胀的情况；
(4) 剩余活性污泥的浓缩。

按生产微细气泡的方法，浮上法分为电解浮上法、分散空气浮上法、溶解空气浮上法。

5.2.1 电解浮上法

电解浮上法装置的示意图如图 5-3 所示。

电解浮上法是将正负相间的多组电极浸泡在废水中，当通以直流电时，废水电解，正负两极间产生的氢和氧的细小气泡黏附于悬浮物上，将其带至水面而达到分离的目的。电解浮上法产生的气泡小于其他方法产生的气泡，因而特别适用于脆弱絮状悬浮物。

电解浮上法主要用于工业废水处理，一般适用于小型生产。

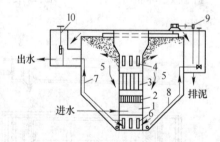

图 5-3 电解浮上法装置示意图
1—入流室；2—整流栅；3—电极组；
4—出流孔；5—分离室；6—集水孔；7—出水管；
8—排沉淀管；9—刮渣机；10—水位调节器

5.2.2 分散空气浮上法

目前应用的分散空气浮上法有微气泡曝气浮上法和剪切气泡浮上法等两种形式。

图 5-4 为微气泡曝气浮上法示意图。压缩空气由靠近池底处的微孔板引入，分散成细小气泡。

图 5-5 为剪切气泡浮上法示意图。该方法是将空气引入到一个高速旋转混合器或叶轮机的附近，通过高速旋转混合器的高速剪切，将引入的空气切割成细小气泡。

分散空气浮上法可用于矿物浮选，也可用于含油脂、羊毛等废水的初级处理及含有大量表面活性剂的废水处理。

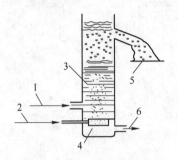

图 5-4 微气泡曝气浮上法

1—入流；2—空气；

3—分离区；4—微孔扩散设备；

5—浮渣；6—出流

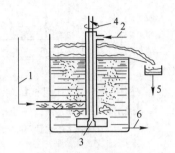

图 5-5 剪切气泡浮上法

1—入流液；2—空气；3—高速旋转混合器；

4—电动机；5—浮渣；6—出流

5.2.3 溶解空气浮上法

溶解空气浮上法有真空浮上法和加压溶气浮上法两种形式。

图 5-6 为真空浮上法示意图。废水经流量调节器 1 后先进入曝气室，由机械曝气设备 2 预曝气，使废水中的溶气量接近于常压下的饱和值。未溶空气在脱气井 3 脱除，然后废水被提升到分离区 4，由于浮上分离池压力低于常压，因此预先溶入水中的空气就以非常细小的气泡溢出来，废水中的悬浮颗粒与从水中溢出的细小气泡相黏附，并上浮至浮

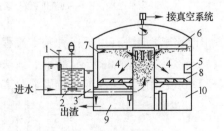

图 5-6 真空浮上法示意图

1—流量调节器；2—曝气器；3—消气井；4—分离区；

5—环形出水槽；6—刮渣板；7—集渣槽；8—池底刮泥板；

9—出渣室；10—操作室（包括抽真空设备）

渣层。旋转的刮渣板 6 把浮渣刮至集渣槽 7 后进入出渣室 9。在浮上分离池的底部装有刮泥板 8 用以排除沉到池底的污泥。处理后的出水经环形出水槽 5 收集后排出。

加压溶气浮上法是目前常用的浮上法。加压溶气浮上法，是使空气在加压的条件下溶解于水，然后通过将压力降至常压而使过饱和的空气以细微气泡形式释放出来。

加压溶气浮上法的主要设备为水泵、溶气罐、浮上池，如图5-7和图5-8所示。空气注入溶气罐，可用空气压缩机或射流器。

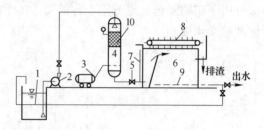

图 5-7 水泵—空压机溶气系统

1—吸水井；2—加压水泵；3—空压机；4—溶气罐；5—减压释放阀；6—气浮池；
7—废水进水管；8—刮渣机；9—集水系统；10—填料层

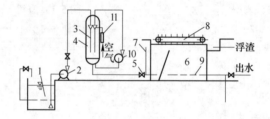

图 5-8 水泵—射流器溶气系统

1—吸水井；2—加压水泵；3—射流器组；4—溶气罐；5—减压释放阀；6—气浮池；
7—废水进水管；8—刮渣机；9—集水系统；10—循环泵；11—吸气阀

加压溶气浮上法有以下三种基本流程。

(1) 全溶气流程如图5-9所示。该法是将全部入流废水进行加压溶气，再经过减压释放装置进入气浮池进行固液分离。

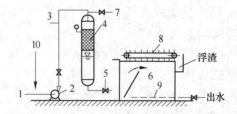

图 5-9 全溶气方式加压溶气浮上法流程

1—废水进入；2—加压泵；3—空气进入；4—压力溶气罐（含填料层）；5—减压阀；
6—气浮池；7—放气阀；8—刮渣机；9—出水系统；10—化学药液

（2）部分溶气流程如图 5-10 所示。这种方法是将部分入流废水进行加压溶气，其余部分直接进入气浮池。该法比全溶气式流程节省电能，同时因加压水泵所需加压的溶气水量与溶气罐的容积比全溶气方式小，故可节省一些设备。但是，由于部分溶气系统提供的空气量也较少，因此，如欲提供同样的空气量，部分溶气流程就必须在较高的压力下运行。

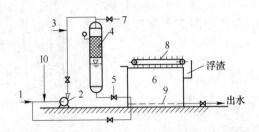

图 5-10 部分溶气方式加压溶气浮上法流程
1—废水进入；2—加压泵；3—空气进入；4—压力溶气罐（含填料层）；5—减压阀；
6—气浮池；7—放气阀；8—刮渣机；9—出水泵；10—化学药剂

（3）回流溶气流程如图 5-11 所示。在这个流程中，将部分澄清液进行回流加压，入流废水则直接进入气浮池。

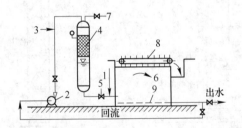

图 5-11 回流加压溶气方式流程
1—废水进入；2—加压泵；3—空气进入；4—压力溶气罐（含填料层）；
5—减压阀；6—气浮池；7—放气阀；8—刮渣机；9—集水管及回流清水管

5.3 生 物 滤 池

废水通过布水设备连续地、均匀地喷洒到滤床表面上，在重力作用下，废水以水滴或波状薄膜的形式向下渗流。废水通过滤床时，部分废水、污染物和细菌附着在滤料表面上，微生物吸附了废水中的溶解性有机物和胶体有机物而逐渐增长，便在滤料表面大量繁殖，形成一层充满微生物的生物膜，如图 5-12 所示。生物膜是由细菌（好氧、厌氧、兼性）、真菌、藻类、原生动物、后生动物，以及一些肉眼可见的蠕虫、昆虫的幼虫等组成。

当废水流过成熟滤床时，废水中的有机污染物被生物膜中的微生物吸附、降解，从而得到净化。

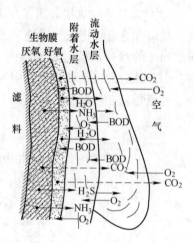

图 5-12 生物膜净化废水示意图

5.3.1 生物滤池的构造

生物滤池又称为滴滤池，主要由滤床、布水设备和排水系统等三部分组成。图 5-13 和图 5-14 为两种典型的生物滤池。

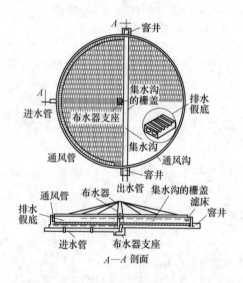

图 5-13 采用回转式布水器的普通生物滤池

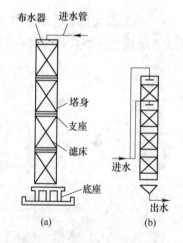

图 5-14 塔式生物滤池
（a）单级进水；（b）两级进水

5.3.1.1 滤床

滤床由滤料组成，滤料是微生物生长栖息的场所。图 5-15 和图 5-16 是两种常见的塑料滤料。

滤床四周一般设池壁，池壁起围护滤料、减少废水飞溅的作用，常用砖、石或混凝土块砌筑。

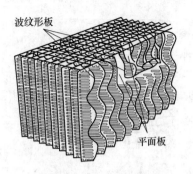

图 5-16 波纹状塑料滤料

图 5-15 环状塑料滤料

5.3.1.2 布水设备

设置布水设备的目的是使废水能均匀地分布在整个滤床表面上。生物滤池的布水设备分为移动式（常用回转式）布水器和固定式喷嘴布水系统两类。

回转式布水器的中央是一根空心的立柱，底端与设在池底下面的进水管衔接。布水横管的一侧开有喷水孔口，间距不等，越近池心间距越大，使滤池单位平面面积接受的废水量基本上相等。

固定式布水系统是由虹吸装置、馈水池、布水管道和喷嘴组成，如图 5-17 所示。废水经过初次沉淀之后，流入馈水池。当馈水池水位上升到某一高度时，池中积蓄的废水通过设在池内的虹吸装置，倾泻到布水管系，喷嘴开始喷水，且因水头较大，喷水半径也较大。由于出流水量大于入流水量，池中水位逐渐下降，因此喷嘴的水头逐渐降低，喷水半径也随之逐渐收缩。当池中水位降落到一定程度时，空气进入虹吸装置，虹吸被破坏，喷嘴即停止喷水。由于馈水池的调节作用，固定喷水系统的喷水是间歇的。

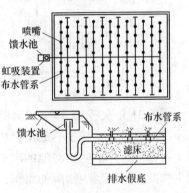

图 5-17 采用固定式喷嘴布水系统的普通生物滤池

5.3.1.3 排水系统

池底排水系统的主要作用是收集滤床流出的废水与生物膜，保证通风支撑滤料。池底排水系统由池底、排水假底和集水沟组成，如图 5-18 所示。排水假底是用特制砌块或栅板铺成（见图 5-19），滤料堆在假底上面。

池底除支撑滤料外，还要排泄滤床上的来水，池底中心轴线上设有集水沟，两侧底面向集水沟倾斜。集水沟要有充分的高度，并在任何时候不会满流，确保空气能在水面上畅通无阻，使滤池中的空隙充满空气。

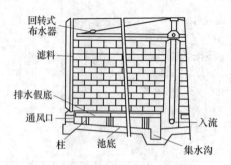

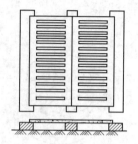

图 5-18   生物滤池池底排水系统示意图   图 5-19   混凝土栅板式排水假底

5.3.2   生物滤池法的流程

低负荷生物滤池又称为普通生物滤池。图 5-20 所示为普通生物滤池的基本流程。

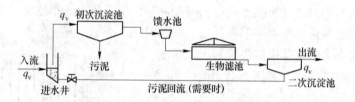

图 5-20   普通生物滤池基本流程图

图 5-21 是交替式二级生物滤池法的流程。运行时，滤池串联工作，废水经初步沉淀后进入一级生物滤池，出水经相应的中间沉淀池去除残膜后用泵送入二级生物滤池，二级生物滤池的出水经过沉淀后排出废水厂。工作一段时间后，一级生物滤池因表层生物膜的累积，即将出现堵塞，改作二级生物滤池，而原来的二级生物滤池则改作一级生物滤池。运行中每个生物滤池交替作为一级和二级滤池使用，交替式二级滤池流程比并联流程负荷率可提高两三倍。

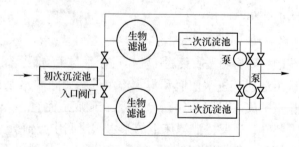

图 5-21   交替式二级生物滤池流程

图 5-22 所示是几种常用的回流式生物滤池的流程。图中符号 q_v 代表废水量，r 代表回流比。当废水浓度不太高时，回流系统为重力流时采用图 5-22（a）流程，回流比可以通过回流管线上的闸阀调节，当入流水量小于平均流量时，增大回流量。当入流水量大时，减少或停止回流。图 5-22（c）、（d）是二级生物滤池，系统中有两个生物滤池，这种流程用于处理高浓度废水或出水水质要求较高的场合。

图 5-22（b）所示是分两级进水的塔式生物滤池。把每层滤床作为独立单元时，可看作是一种带并联性质的串联布置。与单级进水塔式生物滤池相比，这种方法可进一步提高负荷率。

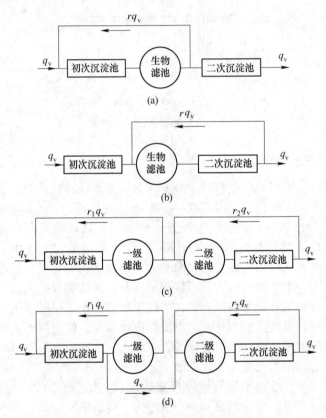

图 5-22 回流式生物滤池的流程

q_v—废水流量；r—回流比

生物滤池的主要优点是运行简单，适用于小城镇和边远地区。生物滤池对入流水质水量变化的承受能力较强，脱落的生物膜密实，较容易在二级沉淀池中被分离。

5.4 生物转盘

生物转盘又称为转盘式生物滤池，是一种生物膜法处理设备。生物转盘去除
废水中有机污染物的机理，与生物滤池基本相同，但构造形式与生物滤池不相
同，其基本流程如图 5-23 所示。

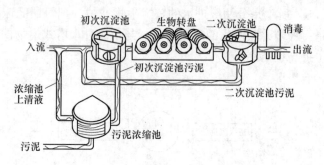

图 5-23 生物转盘基本流程图

5.4.1 生物转盘的构造

生物转盘的主要组成部分有转动轴、转盘、废水处理槽和驱动装置等。生物
转盘的主体是由许多平行排列浸没在一个水槽（氧化槽）中的塑料圆盘（盘片）
所组成，如图 5-23 所示。微生物生长并形成一层生物膜附着在盘片表面，盘面
近一半（转轴以下的部分）浸没在废水中，上半部敞露在大气中。工作时，废
水流过水槽，电动机转动转盘，生物膜和大气与废水轮替接触，浸没入废水中盘
片的生物膜吸附废水中的有机物。当转出水面时，生物膜吸收大气中的氧气，使
吸附于膜上的有机物被微生物所分解，最终使槽内的废水得以净化。

转盘的转动，带进空气，并引起水槽内废水紊动，使槽内废水的溶解氧均匀
分布。随着膜的增厚，内层的微生物呈厌氧状态，当其失去活性时则使生物膜自
盘面脱落，并随同出水流至二次沉淀池。

转盘可以是平板或由平板与波纹板交替组成，如图 5-24 所示。当系统要求
的盘片总面积较大时，可分组安装，一组称为一级，串联运行。转盘分级布置使
其运行较灵活，可以提高处理效率。

水槽可以用钢筋混凝土或钢板制作，断面直径比转盘略大，使转盘既可以在
槽内自由转动，脱落的残膜又不致留在槽内。

驱动装置通常采用附有减速装置的电动机，可以采用水轮驱动或空气驱动。

5.4.2 生物转盘的应用

空气驱动的生物转盘（见图 5-25）是在盘片外缘周围设空气罩，在转盘下

侧设曝气管，管上装有扩散器，空气从扩散器吹向空气罩，产生浮力，使转盘转动。

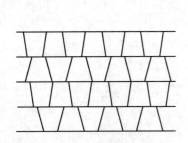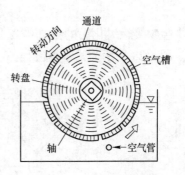

图 5-24　平板与波纹板交替组合的盘片　　　　图 5-25　空气驱动式生物转盘

与沉淀池合建的生物转盘（见图 5-26）是把平流沉淀池做成两层，上层设置生物转盘，下层是沉淀区。生物转盘用于初沉池可起生物处理作用，用于二沉池可进一步改善出水水质。

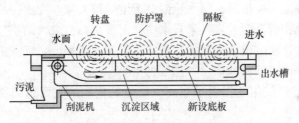

图 5-26　与沉淀池合建的生物转盘

与曝气池组合的生物转盘（见图 5-27）是在活性污泥法曝气池中设生物转盘，以提高原有设备的处理效果和处理能力。

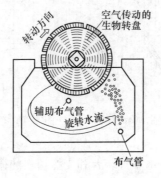

图 5-27　曝气池与生物转盘相组合

5.5 生物接触氧化法

生物接触氧化法的处理装置是浸没曝气式生物滤池，也称为生物接触氧化池。图 5-28 所示为其基本流程。

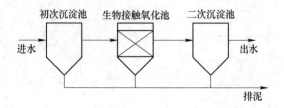

图 5-28 生物接触氧化法基本流程

生物接触氧化池内设置填料，填料淹没在废水中，填料上长满生物膜，废水与生物膜接触过程中，水中的有机物被微生物吸附、氧化分解和转化为新的生物膜。从填料上脱落的生物膜，随水流到二沉池后被去除，废水得到净化。在接触氧化池中，微生物所需要的氧气来自水中，而废水则自鼓入的空气不断补充失去的溶解氧。空气是通过设在池底的穿孔布气管进入水流，当气泡上升时向废水供应氧气，有时并借以回流池水，如图 5-29 所示。

图 5-30 为接触氧化池构造示意图。接触氧化池的主要组成部分有池体、填料和布水布气装置。

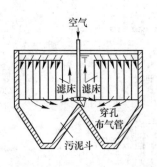

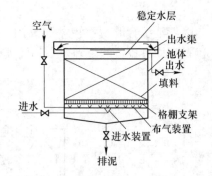

图 5-29 中布气式浸没曝气生物滤池示意图　　图 5-30 接触氧化池构造示意图

池体用于设置填料、布水布气装置和支撑填料的栅板和格栅。由于池中水流的速度低，从填料上脱落的残膜总有一部分沉积在池底，池底可做成多斗式或设置集泥设备，以便排泥。

目前常用的填料有蜂窝状填料、波纹板状填料（见图 5-31）、纤维状填料（见图 5-32）。

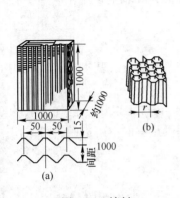

图 5-31　填料

（a）板状填料；（b）蜂窝状填料

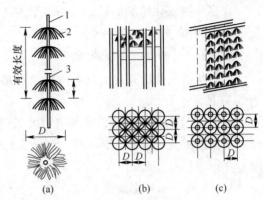

图 5-32　纤维填料的结构

（a）纤维填料结构；（b）横拉梅花式；（c）直拉均匀式
1—拴接绳；2—纤维束；3—中心绳

布气管可布置在池子中心（中心曝气，见图 5-29）、侧面（侧面曝气，见图 5-33）和全池，即全面曝气，整个池底安装穿孔布气管。

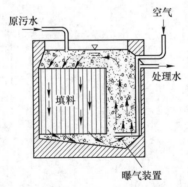

图 5-33　侧面曝气的生物接触氧化池

5.6　生物流化床

生物流化床处理技术是以粒径小于 1mm 的砂、焦炭、活性炭等颗粒材料作为载体，通过脉冲进水使废水由下向上流过，使表面生长着微生物的固体颗粒（生物颗粒）呈流态化，去除和降解有机污染物，使废水得到净化的生物膜法处理技术。

5.6.1 生物流化床的类型

根据生物流化床的供氧、脱膜和床体结构等的不同，好氧生物流化床主要有下述两种类型。

5.6.1.1 两相生物流化床

两相生物流化床是在流化床体外设置充氧设备与脱膜装置，基本工艺流程如图 5-34 所示。

以纯氧为氧源时，充氧后水中溶解氧可达 30~40mg/L；以压缩空气为氧源时，水中溶解氧一般低于 9mg/L。当一次充氧不能提供足够的溶解氧时，可采用处理水回流循环。

5.6.1.2 三相生物流化床

三相生物流化床中，空气（或纯氧）-液（废水）-固（带生物膜的载体）在流化床中进行生化反应，不另设充氧设备和脱膜设备。由于空气的搅动、载体之间的强烈摩擦，载体表面的一些生物膜依靠气体的搅动作用而脱落，其工艺流程如图 5-35 所示。在三相流化床中，由于空气的搅动，有小部分载体可能从流化床中带出，因此需要回流载体。

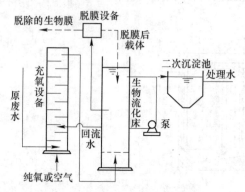

图 5-34 两相流化床工艺流程图

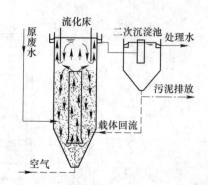

图 5-35 三相生物流化床的工艺流程

三相流化床设备较简单，操作也较容易，此外，能耗也较两相流化床低。三相流化床废水处理关键之一是防止气泡在床内相互合并，形成许多巨大的鼓气，从而影响充气效率。

生物流化床除用于好氧生物处理外，还可用于生物脱氮和厌氧生物处理。

5.6.2 生物流化床的优缺点

由于生物流化床采用小粒径固体颗粒作为载体，且载体在床内呈流化状态，因此其单位体积表面积比其他生物膜法大很多，见表 5-1。

表 5-1　几种生物膜法载体比表面积的比较

滤池形式	比表面积 /m² · m⁻³	平均值 /m² · m⁻³	备　　注
普通生物滤池	40~70	50	块状滤料，粒径平均 8cm
生物转盘	100	100	以 $D = 3.6$m 转盘为例
塔式生物滤池	160	160	以 ϕ25mm 蜂窝为例
生物流化床	1000~3000	2000	以粒径 1~1.5mm 砂粒为例

由于载体颗粒在床体内处于剧烈运动状态，其生物膜厚度较薄，且较均匀，气-固-液界面不断更新，因此传质效果好，这有利于微生物对污染物的吸附和降解，加快了生化反应速率。废水进入床内，很快被混合和稀释，因此其抗冲击负荷能力较强，容积负荷也较其他生物处理法高，见表 5-2。

表 5-2　几种生物处理法容积负荷率的比较

BOD₅ 容积负荷率 /kg · (m³ · d)⁻¹	工艺名称						
	普通生物滤池		生物 转盘	塔式 滤池	接触 氧化池	普通活性 污泥法	纯氧曝气 活性污泥法	生物 流化床
	低负荷	高负荷						
	0.2	0.8	1.0	2.0	3.5	0.5	3.0	10.0

5.7　活性污泥法

活性污泥法是在废水的自净作用原理下发展而来的，是处理城市废水最广泛使用的方法。活性污泥法既适用于大流量的废水处理，也适用于小流量的废水处理，它能从废水中去除溶解的和胶体的可生物降解有机物，能利用活性污泥的吸附作用去除悬浮固体和其他一些物质，无机盐类（磷和氮的化合物）也能部分地被去除。

5.7.1　活性污泥法的基本流程

活性污泥法由曝气池、沉淀池、污泥回流和剩余污泥排除系统组成，其基本流程如图 5-36 所示。

曝气池是一个生物反应器，废水和回流活性污泥的混合液一起进入曝气池，通过曝气设备充入空气，空气中的氧溶入废水使活性污泥混合液产生好氧代谢反应。曝气设备不仅传递氧气进入混合液，且使混合液得到足够的搅拌。这样，废水中的有机物、氧气与微生物能充分接触和反应。当混合液流入沉淀池时，混合液中的悬浮固体在沉淀池中沉下来和水分离，使废水得以净化。为使曝气池内保持一定的悬浮固体浓度，即保持一定的微生物浓度，沉淀池中的污泥部分回流，称为回流污泥。曝气池中的生化反应使微生物增殖，增殖的微生物通常从沉淀池中排除，以维持活性污泥系统的稳定运行，这部分污

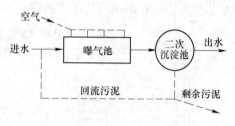

图 5-36 活性污泥法的基本流程

泥称为剩余污泥。剩余污泥中含有大量的微生物，排放环境前需进行处理，防止污染环境。

5.7.2 曝气池池型

曝气池实质上是一个反应器，主要分为推流式、完全混合式及二池结合型三大类。

5.7.2.1 推流曝气池

推流曝气池的长宽比一般为 5~10。为了便于布置，长池可以两折或多折，废水从一端进、另一端出，出水都用溢流堰。推流曝气池一般采用鼓风曝气。

根据横断面上的水流情况，推流又可分为平移推流和旋转推流。

平移推流是曝气池底铺满扩散器，池中的水流只沿池长方向流动。这种池型的横断面宽深比可以大些，如图 5-37 所示。

(a) (b)

图 5-37 平流推移式曝气池

(a) 平面流态示意图；(b) 横断面示意图

旋转推流曝气池中，扩散器装于横断面的一侧。由于气泡形成的密度差，池水产生旋流。池中的水除了沿池长方向流动外，还有侧向旋流，形成了旋转推流，如图 5-38 所示。

5.7.2.2 完全混合曝气池

完全混合曝气池的池型可以是圆形，也可以是方形或矩形。曝气设备可采用表面曝气机，置于池的表层中心，废水进入池的底部中心。废水一进池，在表面

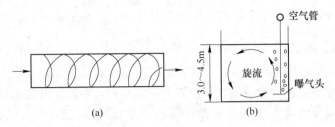

图 5-38　旋转推流式曝气池

（a）平面流态示意图；（b）横断面示意图

曝气机的搅拌下，立即和全池废水混合，水质均匀。完全混合曝气池可以和沉淀池分建和合建，因此可以分为分建式和合建式。

分建式完全混合曝气池表面曝气机的充氧和混合性能与池型关系密切。分建式运行上较易调节控制，但用地不如合建式紧凑，且需专设污泥回流设备。

合建式表面曝气池，又称为曝气沉淀池，池型如图 5-39 所示。这种池型结构紧凑，沉淀池与曝气池合建于一个圆形池中，沉淀池设于外环，与中间的曝气池底有回流污泥缝相通，靠表曝机造成的水位差使回流污泥循环。由于曝气池和沉淀池合建于一个构筑物，难以分别控制和调节，运行不灵活。

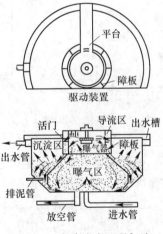

图 5-39　合建式表面曝气池

在推流曝气池中，也可以用多个表曝机充氧和搅拌，在每一个表曝机所影响的范围内，则为完全混合，而对全池而言，又近似推流，此时相邻的表曝机旋转方向应相反，如图 5-40 所示。也可用横向挡板在表曝机之间隔开，避免互相干扰，各池可以独立，成为完全混合，如图 5-41 所示。也可以各池串联，成为近似推流，灵活运行。

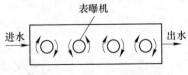

图 5-40　使用表曝机充氧的
推流式曝气池

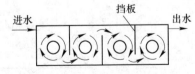

图 5-41　中间设有隔板的表曝机
充氧推流式曝气池

5.7.3　活性污泥法装置和运行方式

5.7.3.1　渐减曝气

在推流式的传统曝气池中，混合液的需氧量在长度方向是逐步下降的。大都前半段氧远远不够，后半段供氧超过需要。因此，等距离均量地布置扩散器是不合理的。渐减曝气就是合理地布置扩散器，使布气沿程变化，总的空气用量不变，提高处理效率。

5.7.3.2　分步曝气

分步曝气法也称为多点进水活性污泥法，它是普通活性污泥法的一个简单的改进，可克服普通污泥法供氧不平衡的矛盾。从图 5-42 可见，废水沿池长的多点进入，这样使有机物在曝气池中的分配较为均匀，避免了前端缺氧、后端氧过剩的弊病，从而提高了空气的利用效率和曝气池的工作能力。由于容易改变各个进水口的水量，在运行上有较大的灵活性，可以得到较高的处理效率。

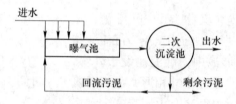

图 5-42　分布曝气示意图

5.7.3.3　完全混合法

一般池子只有中段需氧速率与氧传递速率配合得比较好，如图 5-43 所示。在曝气池前段，活性污泥与刚进入的废水接触，污染物浓度相对较高，即供给活性污泥微生物的食料多，微生物的生长率高，需氧率也很大，实际的需氧速率受供氧速率控制和制约。图中需氧率和供氧率之间，池前后两块面积应相等。这样的供氧和需氧情况，当受到冲击负荷时，前段阴影面积扩大，后段阴影面积缩小，严重时出现全池缺氧情况。

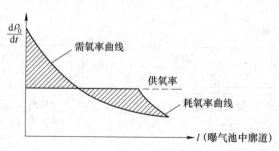

图 5-43　传统曝气池中供氧和需氧率曲线

从上面两种运行方式看，传统活性污泥法的重要矛盾是供氧和需氧的矛盾。为了解决这个矛盾，渐减曝气是通过布气的方法来改进，分步曝气则是通过进水分配的均匀性来改进。

为了改善长条形池子中混合液不均匀的状态，在分步曝气的基础上，进一步增加进水点，同时相应增加回流污泥并使其在曝气池中迅速混合，如图 5-44 所示，这就是完全混合的概念。

在完全混合法的曝气池中，需氧速率和供氧速率的矛盾在全池得到了平衡，因而完全混合法有如下特征。

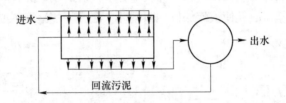

图 5-44　完全混合法曝气池

（1）池液中各个部分的微生物种类和数量基本相同，生活环境也基本相同。

（2）入流出现冲击负荷时，由于完全混合，池液的组成变化也较小。从某种意义上来讲，完全混合池是一个大的缓冲器和均和池，它不仅能缓和有机负荷的冲击，也减少有毒物质的影响。

（3）池液里各个部分的需氧率比较均匀。

5.7.3.4　浅层曝气

派斯维尔（Pasveer）测定氧在 10℃ 静止水中的传递特性时，发现了气泡形成和破裂瞬间的氧传递速率最大的特点，如图 5-45 所示。在水的浅层处用大量空气进行曝气，可获得较高的氧传递速率。为了使液流保持一定的环流速率，将空气扩散器分布在曝气池相当部分的宽度上，并设一条纵墙，将水池分为两部分，迫使曝气时液体形成环流。

与常规深度的曝气池相比，浅层曝气池可以节省动力费用；由于风压减小，风量增加，可以用一般的离心鼓风机。

5.7.3.5　深层曝气

随着城市的发展，用地紧张，为了节约用地，研究发展了深层曝气法，以省节用地面积。

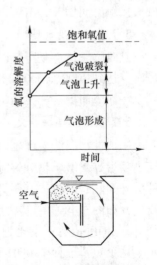

图 5-45　浅层曝气布置原理

图 5-46 为深井曝气法处理流程，井中分隔成两个部分，一边为下降管，另一边为上升管，废水及污泥从下降管导入，由上升管排出；在深井靠地面的井颈部分，局部扩大，以排除部分气体。经处理后的混合液，先经真空脱气（也可以加一个小的曝气池代替真空脱气，并充分利用混合液中的溶解氧），再经二次沉淀池固液分离，混合液也可用气浮法进行固液分离。

在深井中可利用空气作为动力，促使液流循环。采用空气循环的方法是启动时先在上升管中比较浅的部位输入空气，使液流开始循环，待液流完全循环后，再在下降管中逐步供给空气。液流在下降管中与输入的空气一起，经过深井底部流入上升管中，从井颈顶管排出，并释放部分空气。由于下降管和上升管的气液混合物存在着密度差，故促使液流保持不断循环。深井曝气池简图如图 5-47 所示。

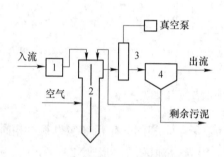

图 5-46　深井曝气法处理流程

1—沉砂池；2—深井曝气池；3—脱气塔；4—二次沉淀池

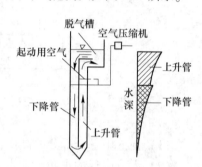

图 5-47　深井曝气池简图

深井曝气池内，气液紊流大，液膜更新快，促使氧的传递系数增大。同时，气液接触时间增长，溶解氧的饱和浓度也随深度的增加而增加。

5.7.3.6　延时曝气

延时曝气特点是曝气时间很长，达到 24h 甚至更长。混合液中活性污泥浓度较高，达到 $3000 \sim 6000 \text{mg/L}$，活性污泥在时间和空间上部分处于内源呼吸状态，剩余污泥少而稳定，无须消化，可直接排放，适用于废水量很小的场合。

5.7.3.7　接触稳定法

用活性污泥法处理生活废水时，混合液中液体部分的 BOD_5（5 日水中有机污染物被好氧微生物分解时所需的氧量）下降有一定的规律。如果测定 BOD_5 时的取样间隔时间较长，所得的 BOD_5 下降曲线是光滑的池液中的反应接近于一级反应，如图 5-48 中的实线所示，但是，缩短取样间隔时，发现在运行开始后的 1h 内，BOD_5 值有一个迅速下降之后又逐渐回升的现象，如图 5-48 中的虚线所示。这个短暂过程中 BOD_5 的最低值与曝气数小时后的 BOD_5 基本相同。利用这一事实，把曝气时间缩短，取得了 BOD_5 相当低的出水。但是，回流污泥丧失了活性，其降低废水中 BOD_5 的能力下降了，于是把回流污泥与入流的城市废水汇合之前预先进行充分曝气，恢复它的活性。

实践表明，混合液曝气过程中第一阶段 BOD_5 的下降是由于吸附作用造成的，因此，把这种方法称为接触稳定法，也称为吸附再生法。混合液的曝气完成了吸附作用，回流污泥的曝气完成稳定作用（恢复活性）。接触稳定法的流程如图 5-49 所示。

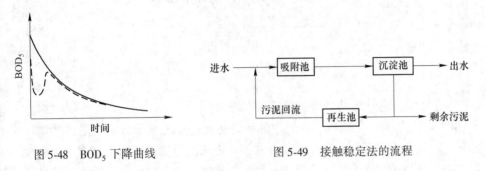

图 5-48 BOD_5 下降曲线　　　　图 5-49 接触稳定法的流程

5.7.3.8 氧化沟

氧化沟是延时曝气法的一种特殊形式（见图 5-50），它的池体狭长，池深较浅，在沟槽中设有表面曝气装置。曝气装置的转动，推动沟内液体迅速流动，取得曝气和搅拌两种作用，使活性污泥呈悬浮状态，图 5-51 所示的是一种典型的氧化沟——卡罗塞式氧化沟，它不但可以达到 95% 以上的 BOD_5 去除率，还可同时达到部分脱氮除磷的目的。

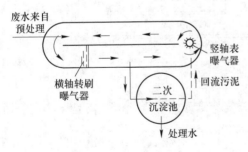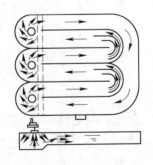

图 5-50 氧化沟系统　　　　图 5-51 卡罗塞式氧化沟

图 5-52 所示的是一种典型的合建式氧化沟——BMTS 型合建式氧化沟，即在沟内截出一个区段作为沉淀区，两侧设隔板，沉淀区底部设一排呈三角形的导流板，混合液的一部分从导流板间隙上升进入沉淀区，沉淀的污泥也通过导流板回流到氧化沟，出水由设于水面的集水管排出。

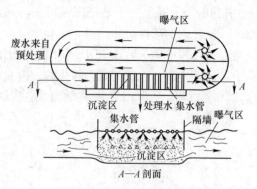

图 5-52   BMTS 型合建式氧化沟

5.7.3.9   活性生物滤池 (ABF 工艺)

图 5-53 为 ABF 的流程, 在通常的活性污泥过程之前设置一个塔式滤池, 它与曝气池可以是串联的, 也可以是并联的。塔式滤池滤料表面上附着很多活性污泥, 因此滤料的材质和构造不同于一般生物滤池, 通常用耐腐蚀的木板条做成栅状板, 然后平放重叠起来, 栅板与栅板之间留有一定间隙。

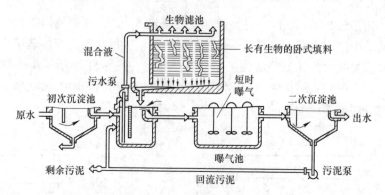

图 5-53   活性生物滤池的流程

这里的滤池也可以看作采用表面曝气特殊形式的曝气池, 塔是一个充氧器, 因而 ABF 可认为是一个复合式活性污泥法。

5.7.3.10   吸附-生物降解工艺

吸附-生物降解工艺, 简称为 AB 法, 工艺流程如图 5-54 所示。A 级以高负荷或超高负荷运行, B 级以低负荷运行; A 级曝气池停留时间短, 30~60min, B 级停留 2~4h。该系统不设初沉池, A 级是一个开放性的生物系统, 活性污泥大多数呈游离状, 代谢活性强, 并具有一定的吸附能力。B 级主要发挥微生物降解作用。A、B 两级各自有独立的污泥回流系统, 两级的污泥互不相混, 该工艺处理效果稳定，具有抗冲击负荷、pH 值变化的能力。

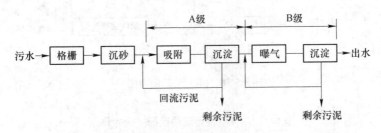

图 5-54 AB 法工艺流程

5.7.3.11 序批式活性污泥法

序批式活性污泥法简称为 SBR 法，图 5-55 为 SBR 工艺的基本运行模式。其基本操作流程由进水、反应、沉淀、排放（出水）和待机（闲置）等五个基本过程组成，从废水流入到闲置结束构成一个周期，在每个周期里上述过程都是在一个设有曝气或搅拌装置的反应器内依次进行的。传统活性污泥法的曝气池，在流态上属于推流，有机物沿着空间而逐渐降解。而 SBR 工艺的曝气池，在流态上属于完全混合，有机物降解是随着时间的推移而被降解的。

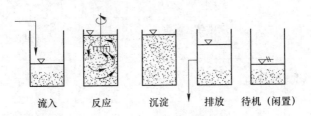

图 5-55 SBR 工艺的操作过程

SBR 工艺与连续流活性污泥工艺相比有如下优点：

（1）工艺系统组成简单（见图 5-56），不设二次沉淀池，曝气池兼具二次沉淀池的功能，无污泥回流设备；

（2）耐冲击负荷，在一般情况下（包括工业废水处理）无须设置调节池；

（3）反应推动力大，容易得到优于连续流系统的出水水质；

（4）运行操作灵活，通过适当调节各单元操作的状态可达到脱氮除磷的效果；

（5）污泥沉淀性能好，能有效地防止丝状菌膨胀；

（6）该工艺的各操作阶段及各项运行指标可通过计算机加以控制，便于自控运行，易于维护管理。

表 5-3 简要归纳了以上几种运行方式的特点。

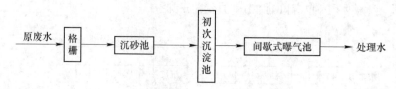

图 5-56 SBR 工艺流程图

表 5-3 几种活性污泥法运行方式的特点

运行方式	流态	曝气方式	BOD 去除率 /%	备 注
传统法	推流	鼓风曝气或机械曝气	85~95	适用于中等浓度的生活废水和工业废水, 对冲击负荷敏感
渐减曝气法	推流	鼓风曝气	85~95	空气供应逐渐减小, 以配合有机负荷的需要
完全混合法	完全混合	鼓风曝气或机械曝气	85~95	一般都能使用, 能抗冲击负荷
分步曝气法	推流	鼓风曝气	85~95	处理废水的适应性较广
接触稳定法	推流	鼓风曝气或机械曝气	80~90	适用高悬浮固体废水
延时曝气法	完全混合或推流	鼓风曝气或机械曝气	75~95	适用于大城镇的企业废水
AB 法	完全混合或推流	鼓风曝气或机械曝气	85~95	可分期建设, 达到不同的水质要求
SBR 法	完全混合	鼓风曝气	90~99	适用于中小型废水处理厂

5.8 废水的厌氧生物处理

　　随着生物学、生物化学等学科的发展, 新的厌氧处理工艺和构筑物, 克服了传统厌氧法水力停留时间长、有机负荷率低等的工艺缺点, 使得厌氧生物处理技术的理论和实践都有了很大进步, 在处理高浓度有机废水方面取得了良好的效果和经济效益。

　　最早的厌氧生物处理是化粪池, 近年来开发的有厌氧生物滤池、厌氧接触法、上流式厌氧污泥床反应器、分段厌氧处理法等。

5.8.1 化粪池

化粪池主要用于居住房屋及公用建筑的生活污水的预处理。

图 5-57 所示为化粪池的一种构造方式。化粪池分为两室，废水进入第一室进行固液分离，水中悬浮物沉于池底或浮于池面，池水一般分为三层，上层为浮渣层，下层为污泥层，中间为水流，污水可以得到初步的澄清和厌氧处理。然后，废水进入第二室，阻拦底泥和浮渣流出池子，污泥在池内进行厌氧消化；出水不能直接排放水体，常在绿地下设渗水系统，排出化粪池出水。

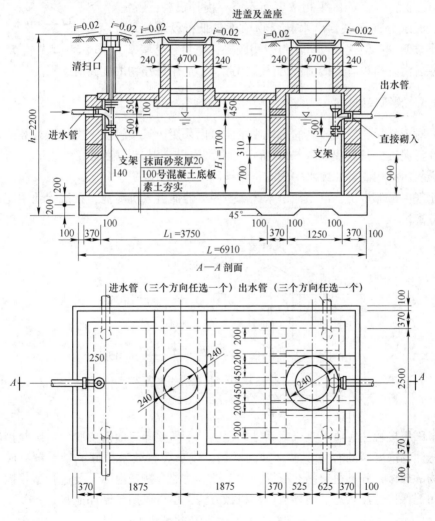

图 5-57 化粪池构造图（单位：mm）

5.8.2　厌氧生物滤池

厌氧生物滤池是密封的水池，池内放置填料，如
图 5-58 所示。废水从池底进入，从池顶排出，填料浸没
在水中，微生物附着生长在滤料上，滤池中微生物浓度
较高。滤料采用拳状石质滤料，如碎石、卵石和塑料填
料等。

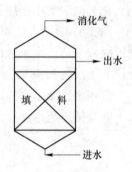

厌氧生物滤池的主要优点是：处理能力较强；滤池
内可以保持很高的微生物浓度而不需要搅拌设备；不需
另设泥水分离设备，出水悬浮物浓度较低；设备简单、
操作方便等。但这种设备滤料费用较贵，滤料容易堵塞，
堵塞后没有简单有效的清洗方法。因此，不适用悬浮物浓度高的废水。

图 5-58　厌氧生物滤池

5.8.3　厌氧接触法

对于悬浮物浓度较高的有机废水，可以采用厌氧接触法，类似于好氧的传统
活性污泥法，其流程如图 5-59 所示。废水先进入混合接触池（消化池）与回流
的厌氧污泥相混合，废水中的有机物被厌氧污泥所吸附、分解，厌氧反应产生的
消化气由顶部排出，消化池出水经真空脱气器而流入沉淀池，在沉淀池中完成固
液分离。

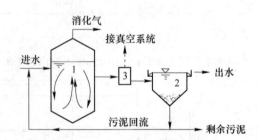

图 5-59　厌氧接触法的流程
1—混合接触池（消化池）；2—沉淀池；3—真空脱气器

厌氧接触法实质上是厌氧活性污泥法，不需要曝气而需要脱气。厌氧接触法
对悬浮物浓度高的有机废水（如肉类加工废水等）效果很好，悬浮颗粒成为微
生物的载体，并且很容易在沉淀池中沉淀。在混合接触池中，要进行适当搅拌以
使污泥保持悬浮状态。搅拌可以用机械方法，也可以用泵循环池水。

5.8.4　上流式厌氧污泥床反应器

上流式厌氧污泥床反应器如图 5-60 所示。废水自下而上地通过厌氧污泥床

反应器，在反应器的底部是一层絮凝和沉淀性能良好的污泥层，大部分的有机物在这里被转化为 CH_4 和 CO_2。由于气态产物（消化气）的搅动和气泡黏附污泥，在污泥层之上形成一个污泥悬浮层。反应器的上部设有三相分离器，完成气、液、固三相的分离，被分离的消化气从上部导出，被分离的污泥则自动滑落到悬浮污泥层，出水则从澄清区流出。

图 5-60　上流式厌氧污泥床反应器

　　试验结果表明，良好的污泥床，有机负荷率和去除率高，不需要搅拌，能适应负荷冲击和温度与 pH 值的变化。

5.8.5　分段厌氧处理法

　　分段厌氧处理法是将水解酸化过程和甲烷化过程分开在两个反应器内进行。第一段的功能是：水解酸化固态有机物，使之成为可被甲烷利用的有机酸，并缓冲和稀释负荷冲击与有害物质，以及截留难降解的固态物质，不使进入后面的阶段。第二段的功能是：保持严格的厌氧条件和 pH 值，以利于甲烷菌的生长，并降解、稳定有机物，产生含甲烷较多的消化气，以及截留悬浮固体，以保证出水水质。

　　分段厌氧处理法的流程可以采用不同构筑物予以组合，例如对悬浮物浓度高的工业废水，采用厌氧接触法与上流式厌氧污泥床反应器串联的组合，其流程如图 5-61 所示。而对悬浮物浓度较低、进水浓度不高的废水，则可以采用操作简单的厌氧生物滤池作为酸化池，串联厌氧污泥床作为甲烷发酵池。

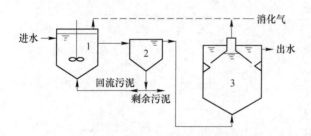

图 5-61　厌氧接触法和上流式厌氧污泥床串联的两段厌氧处理法
1—混合接触池；2—沉淀池；3—上流式厌氧污泥床反应器

5.8.6　厌氧和好氧技术的联合运用

　　有些废水，含有很多复杂的有机物，对于好氧生物处理而言是属于难生物降解或不能降解的；但这些有机物往往可以通过厌氧菌分解为较小分子的有机物，这些较小分子的有机物可以通过好氧菌进一步降解。

各种联合运用厌氧-缺氧-好氧反应器得以广泛研究。采用缺氧与好氧工艺相结合的流程，可以达到生物脱氮脱磷的目的。厌氧-缺氧-好氧法（A/A/O 法）和缺氧-厌氧-好氧法（倒置 A/A/O 法），在去除 BOD、COD 的同时，具有脱氮除磷的效果。

6 天然气处理加工

6.1 概　述

　　天然气处理与加工是天然气工业中一个十分重要的组成部分。天然气加工是指从天然气中分离、回收某些组分，使天然气成为产品的工艺过程，如天然气凝液回收、天然气凝液化，以及从天然气中提取氦等稀有气体的过程等均属于天然气加工。天然气处理是指为使天然气符合商品质量或管道输送要求而采取的工艺过程，如脱除酸性气体（脱除酸性组分，如 H_2S、CO_2、有机硫化物如 RSH 等），和其他杂质（水、烃类、固体颗粒等），以及热值调整、硫黄回收和尾气处理（环保要求）等过程。

　　图 6-1 所示为天然气在油、气田上进行处理与加工的示意图。由图 6-1 可知，从油、气井来的天然气经过一系列加工与处理过程后，经输配管道送往城镇用户，或去油、气田内部回注等。然而，并非所有油、气井来的天然气都经过图 6-1 中的各个加工与处理过程，如果天然气中含酸性组分很少，则可不必脱酸性气体而直接脱水；如果天然气中含乙烷及更重烃类很少，则可不必经天然气凝液回收而直接液化生产液化天然气等。

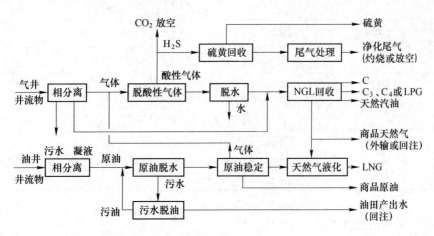

图 6-1　天然气处理与加工示意图

6.2　防止天然气水合物形成的方法和流程

从井口采出或从矿场分离器分出的天然气一般都含水。当含水的天然气温度降低至某一值后，就会形成固体水合物，堵塞管道与设备。

防止固体水合物形成的方法有三种：第一种方法是将含水的天然气加热；第二种方法是当管道或设备必须在低于水合物形成温度以下操作时，可利用液体（如三甘醇）或固体（如分子筛）干燥剂将天然气脱水，使其露点降低到操作温度以下；第三种方法是向气流中加入化学剂。

目前广泛采用的防止水合物形成的化学剂的主要理化性质见表 6-1。

表 6-1　常见热力学有机抑制剂的主要理化性质

性　质		甲醇（MeOH）	乙二醇（EG）	二甘醇（DEG）	三甘醇（TEG）
分子式		CH_3OH	$C_2H_6O_2$	$C_4H_{10}O_3$	$C_6H_{14}O_4$
相对分子质量		32.04	62.1	106.1	150.2
正常沸点/℃		64.7	197.3	244.8	288
蒸气压 /kPa	20℃时	12.3	—	—	—
	25℃时		16.0	1.33	1.33
密度 /g·cm^{-3}	20℃时	0.7928	—	—	—
	25℃时		1.110	1.113	1.119
冰点/℃		-97.8	-13	-8	-7
黏度 /mPa·s	20℃时	0.5945	—	—	—
	25℃时		16.5	28.2	37.3
比热容 /J·(g·K)$^{-1}$	20℃时	2.512	—	—	—
	25℃时	—	2.428	2.303	2.219
闪点（开口）/℃		15.6	116	138	160
汽化热/J·g^{-1}		1101	846	540	406
与水溶解情况（20℃时）		互溶	互溶	互溶	互溶
性　状		无色、易挥发、易燃液体，有中等毒性	无色、无臭、无毒、有甜味的黏稠液体	同 EG	同 EG

6.2.1　化学剂脱水法

图 6-2 为采用甘醇类（图中为乙二醇）抑制剂的低温分离（LTS）法工艺流程图。由气井来的井口流出物（井流物）先进入游离水分离器脱除全部游离水。

此时，分离出来的进料气含水，经气-气换热器用来自低温分离器的冷干气预冷后进入低温分离器。由于进料在气-气换热器中将会冷却至水合物形成温度以下，所以在进入换热器前要注入贫甘醇（未经气流中游离水稀释的甘醇溶液）。

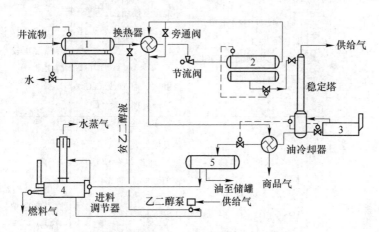

图 6-2　低温分离法工艺流程示意图

1—游离水分离器；2—低温分离器；3—蒸气发生器；

4—乙二醇再生器；5—醇-油分离器

预冷后的进料气经过节流阀温度进一步降低。在低温分离器中，冷干气与富甘醇和液烃分离后，在气-气换热器与进料气换热。复热后的干气作为销售气进入管道向外输送。

由低温分离器分出的液体送至稳定塔中进行稳定，由稳定塔脱出的气体供给内部使用，稳定后的液体经冷却器冷却后去醇-油分离器进行分离，分离出的稳定凝析油（稳定液烃）送至储罐。富甘醇去再生器再生，再生后的贫甘醇用气动泵增压后循环使用。

图 6-2 的工艺流程中如采用甲醇作抑制剂，通常不需要回收与再生，因而也就省去了再生系统的各种设备。此外，因甲醇蒸气压高，可以保证在气相中有足够的浓度，故不必像甘醇那样需要有雾化设备。由于甲醇抑制效果好，注入系统简单，因而得到广泛采用。

图 6-2 中的低温分离器一般在高压与低温下操作，其操作温度即为冷干气在该高压下的露点。由于此温度远低于干气在管道中输送时可能出现的最低温度，因此就可防止在输气管道中形成水合物。

6.2.2　吸收法脱水

吸收脱水是采用亲水液体与天然气逆流接触，脱除气体中的水蒸气。各种常用甘醇化合物脱水吸收剂的主要理化性质见表 6-2。

表 6-2 常用甘醇化合物脱水吸收剂比较

脱水吸收剂	优　点	缺　点	适用范围
CaCl₂ 水溶液	1. 投资与操作费用低，不燃烧； 2. 在更换新鲜 CaCl₂ 前可无人值守	1. 吸水容量小，且不能重复使用； 2. 露点降较小，且不稳定； 3. 更换 CaCl₂ 时劳动强度大，且有废 CaCl₂ 水溶液处理问题	边远地区小流量、露点降要求较小的天然气脱水
DEG 水溶液	1. 浓溶液不会"凝固"； 2. 天然气中含有 H_2S、CO_2、O_2 时，在一般温度下是稳定的； 3. 吸水容量大	1. 蒸气压较 TEG 高，蒸发损失大； 2. 理论热分解温度较 TEC 低，仅为164.4℃，故再生后的 DEG 水溶液浓度较小； 3. 露点降较 TEG 溶液的小； 4. 投资及操作费用较 TEG 高	集中处理站的大流量、露点降要求较大的天然气脱水
TEG 水溶液	1. 浓溶液不会"凝固"； 2. 天然气中含有 H_2S、CO_2、O_2 时，在一般温度下是稳定的； 3. 吸水容量大； 4. 理论热分解温度较 DEG 高（206.7℃），故再生后的 TEG 水溶液浓度（质量分数）较高（约99%甚至更高）； 5. 露点降可达40℃，甚至更大； 6. 蒸气压较 DEG 的低，蒸发损失小； 7. 投资及操作费用较 DEG 的低	1. 投资及操作费用较 CaCl₂ 水溶液法的高； 2. 当有液烃存在时再生过程易起泡，有时需要加入消泡剂	集中处理站内大流量、露点降要求较大的天然气脱水

三甘醇脱水装置典型工艺流程如图 6-3 所示。流程由高压吸收系统及低压再生系统两部分组成。湿天然气先经过进口气涤器（洗涤器或分离器）除去游离

液体和固体杂质，若天然气中杂质过多，还要采用过滤分离器。进口气涤器顶部设有捕雾器，用来脱除出口气体中携带的液滴。

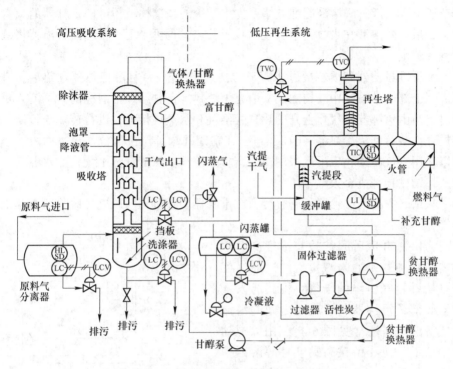

图 6-3 甘醇脱水装置工艺流程示意图

图 6-3 中所示的吸收塔为板式塔，通常选用泡帽塔板或浮阀塔板。由进口气涤器顶部分出的湿天然气进入吸收塔的底部，向上通过各层塔板，与向下流过各层塔板的甘醇溶液逆向接触时，使气体中的水蒸气被甘醇溶液所吸收。吸收塔顶部设有捕雾器，用来脱除出口干气中携带的甘醇溶液液滴，以减少甘醇损失。离开吸收塔的干气经过气体/贫甘醇换热器（贫甘醇冷却器），用来冷却进入吸收塔的甘醇贫液（贫甘醇），然后进入管道外输。对于小型脱水装置，气体/贫甘醇换热器也可采用盘管安装在吸收塔顶层塔板与捕雾器之间。

经气体/贫甘醇换热器冷却后的贫甘醇进入吸收塔顶部，由顶层塔板依次经各层塔板流至底层塔板。

吸收了天然气中水蒸气的甘醇富液（富甘醇）从吸收塔底部流出，先经高压过滤器除去由进料气带入的固体杂质，再与再生好的热甘醇贫液（热贫甘醇）换热后进入闪蒸分离器（闪蒸罐），经过低压闪蒸分离，分出被甘醇溶液吸收的烃类气体。这部分气体一般作为再生系统重沸器的燃料，但含硫化氢的闪蒸气则去火炬灼烧后放空。

从闪蒸分离器底部排出的富甘醇依次经过纤维过滤器和活性炭过滤器，除去甘醇溶液在吸收塔中吸收与携带过来的少量固体、液烃、化学剂及其他杂质。这些杂质可以引起甘醇溶液起泡、堵塞再生系统的精馏柱，还可使重沸器的火管结垢。如果甘醇溶液在吸收塔中吸收的液烃较多，也可采用三相闪蒸分离器将液烃从底部分出。

由纤维过滤器和活性炭过滤器来的富甘醇经贫/富甘醇换热器预热后，进入重沸器上部的精馏柱中。精馏柱一般充填填料。富甘醇在精馏柱内向下流入重沸器时，与由重沸器中气化上升的热甘醇蒸气和水蒸气接触，进行传热与传质。精馏柱顶部装有回流冷凝器（分凝器），在精馏柱顶部产生部分回流。回流冷凝器可以采用空气冷却，也可以采用冷的富甘醇冷却。从富甘醇中气化的水蒸气，最后从精馏柱顶部排至大气中。

从精馏柱流入重沸器的富甘醇，在重沸器中被加热，以充分脱除所吸收的水蒸气。

为保证再生后的贫甘醇浓度，通常还需向重沸器中通入汽提气。汽提气可以是从燃料气引出的干气，将其通入重沸器底部或重沸器与缓冲罐之间的溢流管或贫液汽提柱（见图6-4），用以搅动甘醇溶液，使滞留在高黏度甘醇溶液中的水蒸气逸出；同时也降低了水蒸气分压，使更多的水蒸气从重沸器和精馏柱中脱除，从而将贫甘醇中的甘醇浓度进一步增浓。若天然气要求露点很低，或气体中含有较多的芳烃时，也可将干燥过的芳烃预热汽化后作为汽提气，通入贫液汽提柱的下方。由精馏柱顶部放空

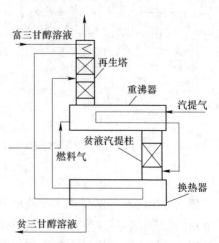

图6-4 有贫液汽提柱及缓冲罐的再生塔

的芳烃蒸气经冷凝后循环使用。为了得到高浓度的贫甘醇，除采用汽提法外，还可采用负压法及共沸法。共沸法采用异辛烷、甲苯等作为共沸剂，干气露点可达 -90℃以下。

再生好的热贫甘醇由重沸器流经贫/富甘醇换热器等冷换设备进行冷却。当采用装有换热盘管的缓冲罐时，热贫甘醇则由重沸器的溢流管流入缓冲罐中，与流经缓冲罐内换热盘管的冷富甘醇换热，缓冲罐也起甘醇泵的供液罐作用。离开贫/富甘醇换热器（或缓冲罐）的贫甘醇经甘醇泵加压后去气体/贫甘醇换热器进一步冷却，然后再进入吸收塔顶部循环使用。甘醇泵可以是电动泵，也可以是液动泵或气动泵。当为液动泵时，可用吸收塔塔底来的高压甘醇富液作为液动泵

的动力源，甘醇富液通过甘醇泵动力端后再进入闪蒸分离器。

对于含 H_2S 的酸性天然气，当采用三甘醇脱水时，由于 H_2S 会溶解到甘醇溶液中，不仅导致溶液 pH 值降低，而且也会与三甘醇反应使溶液变质。因此，从甘醇脱水装置吸收塔流出的富甘醇进再生系统前应先进入富液汽提塔，用不含硫的净气或其他惰性气汽提，脱除的 H_2S 和吸收塔顶脱水后的酸性天然气汇合后去脱硫装置。

6.2.3 吸附法脱水

吸附是指气体或液体与多孔的固体颗粒表面相接触，气体或液体与固体表面分子之间相互作用而停留在固体表面上，使气体或液体分子在固体表面上浓度增大的现象。被吸附的气体或液体称为吸附质，吸附气体或液体的固体称为吸附剂（当吸附质是水蒸气或水时，此固体吸附剂又称为固体干燥剂，简称为干燥剂）。

固体吸附剂脱水适用于干气露点要求较低的场合。采用不同吸附剂的天然气脱水工艺流程基本相同，干燥器（吸附塔）多采用固定床。由于吸附剂床层在脱水操作中被水饱和后需要再生，为了保证装置连续操作至少需要两个干燥器。在两塔（即两个干燥器）流程中，一个干燥器进行脱水，另一个干燥器进行再生（加热和冷却），然后切换操作。在三塔或多塔流程中，切换流程则有所不同。

干燥器再生用气可以是湿气，也可以是高压干气或低压干气。下面介绍采用不同来源再生气的吸附脱水工艺流程。

6.2.3.1 采用湿气（或进料气）作再生气

吸附脱水工艺流程由脱水（吸附）与再生两部分组成。采用湿气或进料气作再生气的吸附脱水工艺流程如图 6-5 所示。

湿气一般是经过一个进口气涤器或分离器除去所携带的液体与固体杂质后分为两路：小部分湿气经再生气加热器加热后作为再生气，大部分湿气去干燥器脱水。由于在脱水操作时干燥器内的气速很大，故气体通常是自上而下流过吸附剂床层，这样可以减少高速气流对吸附剂床层的扰动。气体在干燥器内流经固体吸附剂床层时，其中的水蒸气被吸附剂选择性吸附，直至气体中的水含量与所接触的固体吸附剂达到平衡为止，由干燥器底部流出的干气出装置外输。

在脱水操作中，干燥器内的吸附剂床层不断吸附气体中的水蒸气直至最后整个床层达到饱和，此时就不能再对湿气进行脱水。因此，在吸附剂床层未达到饱和之前就要进行切换，即将湿气改为进入已再生好的另一个干燥器，而刚完成脱水操作的干燥器则改用热再生气进行再生。

经再生气加热器加热后进入干燥器。热的再生气将床层加热，并使水从吸附剂上脱附。脱附出来的水蒸气随再生气一起离开吸附剂床层后进入再生气冷却器，大部分水蒸气在冷却器中冷凝下来，并在再生气分离器中除去，分出的再生

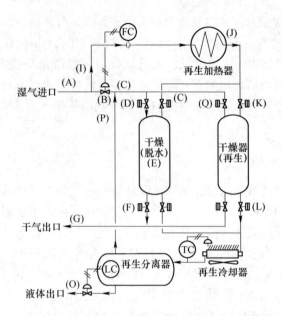

图 6-5 采用湿气再生的吸附脱水工艺流程示意图

气与进料湿气汇合后又去进行脱水。加热后的吸附剂床层由于温度较高，在重新进行脱水操作之前必须先用未加热的湿气冷却至一定温度后才能切换。

6.2.3.2 采用干气作再生气

采用干气作再生气的吸附脱水工艺流程如图 6-6 所示。

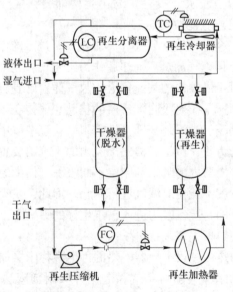

图 6-6 采用干气再生气的吸附脱水工艺流程示意图

图 6-6 中的湿气脱水流程与图 6-5 相同，但是，由干燥器脱水后的干气有一小部分经增压与加热后作为再生气去干燥器，使水从吸附剂上脱附。脱附出来的水蒸气随再生气一起离开吸附剂床层后经过再生气冷却器与分离器，将水蒸气冷凝下来的液态水脱除。由于此时分的气体是湿气，故与进料湿气汇合后又去进行脱水。

除了采用吸附脱水后的干气作为再生气外，还可采用其他来源的干气作为再生气。这种再生气的压力往往比图 6-6 中的干气压力要低得多，故在这种情况下脱水压力远远高于再生压力。因此，当干燥器完成脱水操作后，先要进行降压，然后再用低压干气进行再生。

6.3　天然气凝液回收

天然气中除含有甲烷外，还含有一定量的乙烷、丙烷、丁烷、戊烷及更重烃类，需将天然气中除甲烷外的一些烃类予以分离与回收。由天然气中回收的液烃混合物称为天然气凝液，也称为天然气液或天然气液体，简称为凝液或液烃。通常，天然气凝液（NGL）中含有乙烷、丙烷、丁烷、戊烷及更重烃类，有时还可能含有少量非烃类。从天然气中回收凝液的过程称为天然气凝液回收或天然气液回收（NGL 回收），称为天然气液回收。因此，天然气液回收也是天然气的分离过程。

6.3.1　天然气液回收方法

天然气液回收方法可分为吸附法、油吸收法和冷凝分离法三种。

6.3.1.1　吸附法

吸附法是利用固体吸附剂（如活性炭）对各种烃类的吸附容量不同，从而使天然气中一些组分得以分离的方法。

吸附法的优点是装置简单，不需特殊材料和设备，投资较少；缺点是需要几个吸附塔切换操作，产品的局限性大、能耗较大、成本较高。

6.3.1.2　油吸收法

油吸收法是利用不同烃类在吸收油中溶解度不同，使天然气中各个组分得以分离的方法，图 6-7 为油吸收法原理流程。吸收油一般采用石脑油、煤油或柴油。

按照吸收温度不同，油吸收法又可分为常温、中温和低温油吸收法（冷冻油吸收法）三种。常温油吸收的温度一般为 30℃ 左右，以回收 C_3^+ 为主要目的；中温油吸收的温度一般为 -20℃ 以上；低温油吸收的温度在 -40℃ 左右。

油吸收法主要设备有吸收塔、富油稳定塔和富油蒸馏塔，如为低温油吸收

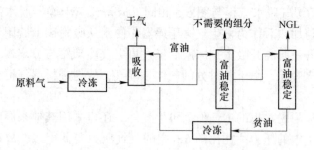

图 6-7　采用低温油吸收法原理的 NGL 回收原理流程

法，还需增加制冷系统。在吸收塔内，吸收油与天然气逆流接触，将气体中大部分丙烷、丁烷及戊烷以上烃类吸收下来。从吸收塔底部流出的富吸收油（简称为富油）进入富油稳定塔中，脱出不需要回收的轻组分如甲烷等，然后在富油蒸馏塔中将富油中所吸收的乙烷、丙烷、丁烷及戊烷以上烃类从塔顶蒸出。从富油蒸馏塔底流出的贫吸收油（简称为贫油）经冷却后去吸收塔循环使用，如为低温油吸收法，则还需将原料气与贫油分别冷冻后再进入吸收塔中。

6.3.1.3　冷凝分离法

冷凝分离法是将天然气冷却至露点温度以下，得到富含较重烃类的天然气液，使其与气体分离的过程。分离出的天然气液利用精馏的方法进一步分离成所需要的液烃产品。冷凝分离法可分为冷剂制冷法、直接膨胀制冷法和联合制冷法三种。

A　冷却剂制冷法

冷剂制冷法也称为外加冷源法（外冷法），它是由独立设置的冷剂制冷系统向原料气提供冷量。冷剂（制冷剂或制冷工质）有氨、丙烷及乙烷，或者是乙烷、丙烷等烃类混合物。制冷循环可以是单级或多级串联，也可以是阶式制冷（覆叠式制冷）循环。采用丙烷作为冷剂的冷凝分离法天然气液回收原理流程如图 6-8 所示。

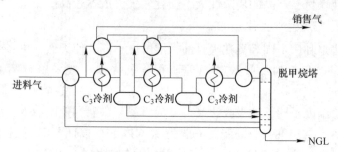

图 6-8　采用丙烷作冷剂的冷凝分离法 NGL 回收原理流程

在下列情况下，一般采用冷剂制冷法。

（1）以控制外输气露点为主，同时回收部分凝液的装置。通常，原料气的冷冻温度应低于外输气所要求的露点温度5℃以上。

（2）原料气较富，但其压力和外输气压力之间没有足够压差可供利用，或为回收凝液必须将原料气适当增压，所增压力和外输气压力之间没有压差可供利用，而且采用冷剂制冷又可经济地达到所要求的凝液收率。

天然气采用冷剂法回收液烃时在相图上的轨迹如图6-9中的ABC线所示。

B　直接膨胀制冷法

直接膨胀制冷法也称为膨胀制冷法或自制冷法（自冷法）。该方法不另外设置独立的制冷系统，原料气降温所需的冷量由气体直接经过串接在该系统中的各种类型膨胀制冷设备来提供。制冷能力直接取决于气体的压力、组成、膨胀比及膨胀制冷设备的热力学效率等。常用的膨胀制冷设备有节流阀（也称为焦耳-汤姆逊阀）、透平膨胀机及热分离机等。

采用节流阀制冷的低温分离法工艺流程示意图如图6-1所示。天然气采用节流阀制冷回收液烃时在相图上的轨迹线如图6-9中的ABC′线所示。

天然气采用膨胀机制冷回收液烃时的原理流程如图6-10所示。其在相图上的轨迹如图6-9中的ABC″线所示。

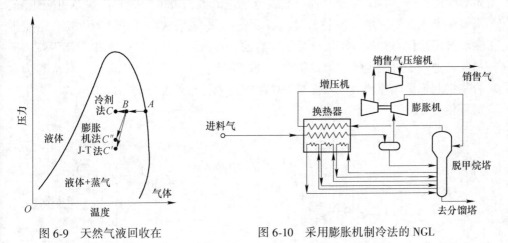

图6-9　天然气液回收在　　　　　图6-10　采用膨胀机制冷法的NGL
　　　相图上的轨迹线　　　　　　　　　回收原理流程

C　联合制冷法

联合制冷法又称为冷剂与直接膨胀联合制冷法。这种方法是冷剂制冷法与直接膨胀制冷法两者的联合，即冷量来自两部分：一部分由膨胀制冷法提供；另一部分由冷剂制冷法提供。当原料气组成较富，或其压力低于适宜的冷凝分离压力，采用有冷剂预冷的联合制冷法。

由于天然气的压力、组成及要求的液烃收率不同，因此天然气液回收中的冷凝分离温度也有不同。根据天然气在冷冻分离系统中的最低冷冻温度，通常又将冷凝分离法分为浅冷分离与深冷分离两种。浅冷分离的冷冻温度一般在-20～-35℃，而深冷分离的冷冻温度一般均低于-45℃，最低达-100℃以下。

6.3.2 以回收C_3^+烃类为目的的天然气液回收装置工艺流程

天然气液以回收C_3^+烃类为目的，但对丙烷的收率要求不高时，通常多采用浅冷分离工艺。对于只是为了控制天然气的烃露点，对烃类收率没有特殊要求的"露点控制"装置，一般也采用浅冷分离工艺。

图 6-11 为采用冷剂制冷法的天然气液回收装置的典型工艺流程图。进装置的原料气为低压伴生气，先在原料气分离器中除去游离的油、水和其他杂质，然后去压缩机增压。由于装置规模较小，原料气中C_3^+烃类较多，一般选用两级往复式压缩机，将原料气增压。增压后的原料气用水冷却至常温，然后经过气-气换热器（也称为贫富气换热器）预冷后进入冷剂蒸发器（图中冷剂为氨），冷冻原料气。此时，原料气中较重烃类冷凝为液体，气液混合物送至低温分离器内进行分离。分出的干气主要成分是甲烷、乙烷，凝液主要成分是C_3^+烃类，也有一定数量的乙烷。各级凝液混合一起或分别进入脱乙烷塔中脱除乙烷及更轻组分，塔底油则进入稳定塔（或脱丙烷、丁烷塔）。稳定塔从塔顶脱除的丙烷、丁烷即为油气田液化石油气，塔底则为稳定后的天然汽油。如装置还要求生产丙烷，则另需增加一个脱丙烷塔。为预防水合物的形成，一般采用乙二醇或二甘醇作为水合物抑制剂，在原料气进入低温部位之前注入并在低温分离器底部回收，再生后循环使用。

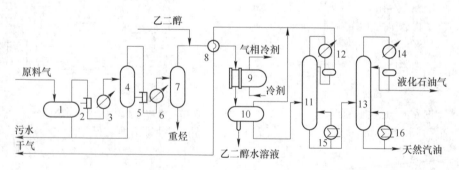

图 6-11 采用冷剂制冷法的天然气液回收工艺流程
1—原料气分离器；2，5—原料气压缩机；3，6—水冷却器；4，7—分离器；
8—气-气换热器；9—冷剂蒸发器；10—低温分离器；11—脱乙烷塔；12—脱乙烷塔塔顶冷凝器；
13—脱丁烷塔；14—脱丁烷塔塔顶冷凝器；15，16—重沸器

6.3.2.1 采用透平膨胀机制冷法的工艺流程

对于高压气藏气，当其压力高于外输压力，有足够压差可供利用，而且压力及气量比较稳定时，由于组成较贫，往往只采用透平膨胀机制冷法即可满足凝液回收要求。

6.3.2.2 采用冷剂氨与透平膨胀机联合制冷法的工艺流程

冷剂与膨胀机联合制冷法工艺流程如图 6-12 所示。其中，冷剂为丙烷或氨。

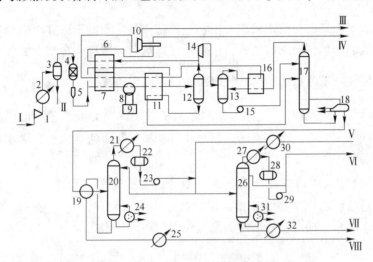

图 6-12　氨与膨胀机联合制冷法装置的工艺流程

1—原料气压缩机；2—水冷却器；3—分水器；4—分子筛干燥器；5—过滤器；
6，7，11，16—板翅式换热器；8—氨蒸发器；9—氨循环制冷系统；10—膨胀机驱动的增压机；
12—第一凝液分离器；13—第二凝液分离器；14—透平膨胀机；15—凝液泵；17—脱乙烷塔；
18—脱乙烷塔塔底重沸器；19—换热器；20—脱丁烷（液化气）塔；21—塔顶冷凝器；
22—脱丁烷塔塔顶部回流罐；23—液化气回流泵；24—液化气塔底重沸器；25—天然汽油冷却器；
26—丁烷塔；27—丁烷塔塔顶冷凝器；28—丁烷塔回流罐；29—丁烷塔回流泵；30—液化气冷却器；
31—丁烷塔塔底重沸器；32—丁烷冷却器
Ⅰ—原料气；Ⅱ—冷凝水；Ⅲ—干气；Ⅳ—低压干气；Ⅴ—液化气；
Ⅵ—高含丙烷液化气；Ⅶ—丁烷；Ⅷ—天然汽油

自集输系统来的伴生气经压缩机 1 增压，经水冷器 2 冷却后进入分水器 3，除去气体中的游离水、机械杂质及可能携带的原油，然后去分子筛干燥器 4 脱除其中的微量水。干燥后的气体经过滤器 5 后，流过板翅式换热器 6、7，氨蒸发器 8，板翅式换热器 11，温度下降，并有大量凝液析出。经第一凝液分离器 12 分离后，凝液自分离器底部进入板翅式换热器 11 复热后去脱乙烷塔 17 的中部；自一级凝液分离器分出的气体去透平膨胀机 14，压力膨胀，温度下降。膨胀后的气液混合物进入第二凝液分离器 13 进行气液分离，分出的凝液用泵 15 送入脱乙烷塔 17 的顶部，分出的气体则为干气，经板翅式换热器 16、11、7 回收冷量后再由膨胀机驱动的增压机 10 增压（逆升压流程）后进入输气管道。脱乙烷塔 17 顶部馏出的气体经板翅式换热器 16 冷却后进入第二凝液分离器 13 的下部，以便回收一部分丙烷。自脱乙烷塔底部得到的凝液，经液化气塔（脱丁烷塔）20 脱出丙烷、丁烷作为液化石油气，液化气塔 20 底部所得产品为天然汽油。还可将液化石油气经丁烷塔分为丙烷和高含丁烷的液化石油气，或丁烷和高含丙烷的液化石油气。

一般对于丙烷收率要求较高、原料气较富或其压力低于适宜冷凝分离压力而设置压缩机的天然气液回收装置，大多采用冷剂与膨胀机联合制冷法。

6.3.3 以回收 C_2^+ 为目的的天然气液回收装置工艺流程

当天然气液以回收 C_2^+ 烃类为目的时，多采用深冷分离工艺。根据制冷系统不同，常用的工艺方法主要有阶式制冷法、膨胀机制冷法及冷剂和膨胀机联合制冷法。

6.3.3.1 采用两级透平膨胀机制冷法的工艺流程

两级透平膨胀机制冷法装置采用的典型工艺流程如图 6-13 所示。装置由原料气压缩、脱水、两级膨胀制冷和凝液脱甲烷四部分组成。

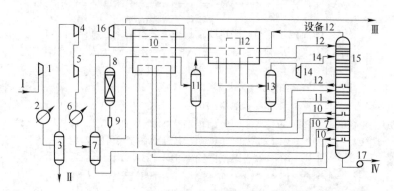

图 6-13 两级膨胀机制冷法装置工艺流程

1—油田气压缩机；2—冷却器；3—沉降分水罐；4—膨胀机驱动的增压机一；
5—膨胀机驱动的增压机二；6—冷却器；7—凝液分离器一；8—分子筛干燥器；
9—粉尘过滤器；10—多股流板翅式换热器一；11—凝液分离器二；12—多股流板翅式换热器二；
13—凝液分离器三；14—透平膨胀机一；15—脱甲烷塔；16—透平膨胀机二；17—混合轻烃泵
Ⅰ—油田气；Ⅱ—脱出水；Ⅲ—干气；Ⅳ—混合烃

A 原料气压缩

自集输系统来的低压伴生气Ⅰ脱除游离水后进入压缩机 1 增压，经冷却器 2

冷却至常温进入沉降分水罐 3，进一步脱除游离水Ⅱ。由沉降分水罐 3 顶部分出的气体依次经过膨胀机驱动的增压机 4、5，进一步增加压力，再经冷却器 6 冷却后进入一级凝液分离器 7，分出的凝液直接进入脱甲烷塔 15 的底部。

B 脱水

由一级凝液分离器分出的气体进入分子筛干燥器 8 中脱除其中的微量水，脱水后，气体经粉尘过滤器 9 除去其中可能携带的分子筛粉末，然后进入制冷系统。

分子筛干燥器共两台，并联切换操作。再生气为经过燃气透平回收的余热加热的干气。

C 膨胀机制冷

经脱水后的气体自过滤器 9 经板翅式换热器 10 冷冻后进入二级凝液分离器 11。分出的凝液进入脱甲烷塔的中部，分出的气体再经板翅式换热器 12 冷冻后去三级凝液分离器 13 进行气液分离。由三级凝液分离器 13 分出的凝液经板翅式换热器 12 进入脱烷塔的顶部，分出的气体经一级透平膨胀机 14 膨胀，温度降低，然后此气液混合物直接进入脱甲烷塔 15 的顶部偏下部位。

自脱甲烷塔顶部分出的干气经板翅式换热器 12、10 复热后进入二级透平膨胀机 16，压力下降，温度降低，再经板翅式换热器 10 复热后外输。

D 混合凝液脱甲烷

由于该装置只生产混合液烃，故只设脱甲烷塔，塔底不设重沸器，塔中部则有塔侧冷却器和重沸器，分别由板翅式换热器 12 和 10 提供冷量和热量。脱甲烷后的混合液烃由塔底经泵 17 增压后送出装置。

6.3.3.2 采用冷剂与透平膨胀机联合制冷法的工艺流程

采用冷剂（丙烷）与透平膨胀机联合制冷法的典型流程如图 6-14 所示。自集输系统来的伴生气Ⅰ，经冷却、分水、过滤后，进入压缩机 1。该压缩机为燃气透平驱动的两级离心式压缩机，级间有水冷却器及凝液分离器。二级压缩后的气体经水冷却器 2 冷却后去重烃分离器 3，分出游离水和重烃Ⅱ，气体去分子筛干燥器 4。

气体在压缩前、级间和压缩后冷却分出的液体全部送入一个三相分离器（图中未画出）。顶部分出的气体作为余热锅炉燃料，中部分出的重烃去脱乙烷塔底部，底部分出的游离水去废水处理系统。

通过干燥器 4 脱除气体中的水，两台干燥器切换操作。再生气采用干气Ⅲ，经余热锅炉加热后去再生。再生后的气体自干燥器顶部流出，经冷却、分水后，由再生气压缩机压缩送入干气Ⅲ中外输。

脱水后的气体经过过滤器 5 滤掉分子筛粉尘后，先经膨胀机驱动的增压机 6

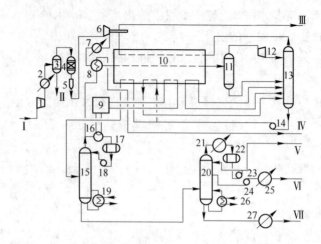

图 6-14　丙烷与膨胀机联合制冷法装置的工艺流程

1—原料气压缩机；2—水冷却器；3—重烃分离器；4—分子筛干燥器；5—粉尘过滤器；

6—膨胀机驱动的增压机；7—增压机后冷却器；8—乙烷-原料气换热器；9—丙烷循环制冷系统；

10—六股流板翅式换热器（冷箱）；11—凝液分离器；12—透平膨胀机；13—脱甲烷塔；

14—脱甲烷塔塔底泵；15—脱乙烷塔；16—脱乙烷塔塔顶部冷凝器；17—脱乙烷塔塔顶部回流罐；

18—脱乙烷塔回流泵；19—脱乙烷塔塔底部重沸器；20—脱丁烷塔；21—脱丁烷塔塔顶部冷凝器；

22—脱丁烷塔塔顶部回流罐；23—脱丁烷塔回流泵；24—脱乙烷塔中部液化石油气抽出泵；

25—泵 24 出口液化石油气冷却器；26—脱丁烷塔塔底部重沸器；27—天然汽油冷却器

Ⅰ—原料气；Ⅱ—分出的重烃和水分；Ⅲ—干气；Ⅳ—乙烷；Ⅴ—丙烷；Ⅵ—液化石油气；Ⅶ—天然汽油

压缩，再经水冷却器 7 和换热器 8 进入板翅式换热器（冷箱）10 温度降低，然后去凝液分离器 11 进行气液分离。

自凝液分离器 11 底部分出的凝液进入脱甲烷塔 13 的中部，顶部分出的气体进入透平膨胀机，然后去脱甲烷塔 13 的顶部进行气液分离，分出的凝液作为塔顶进料。由脱甲烷塔塔顶馏出的气体经板翅式换热器 10 复热后作为该装置的干气产品Ⅲ外输。

由脱甲烷塔 13 引出的侧线液体经板翅式换热器 10 升温重沸后返回塔的中部。底部的液体经泵 14 增压后分为两路进入板翅式换热器 10，一路升温重沸后仍返回塔底，另一路升温后送入脱乙烷塔 15 的中部。

脱乙烷塔 15 塔顶馏出的气体乙烷分为两路，一路经换热器 8 复热到接近常温后作为乙烷气体产品Ⅳ外输；另一路经丙烷制冷系统 9 在冷凝器 16 中冷凝为液体进入回流罐 17，再用泵 18 送入塔 15 顶部作为塔顶回流。塔 15 底部设有重沸器 19，塔底馏出物靠本身压力进入脱丁烷塔 20 的中部。

脱丁烷塔 20 塔顶馏出的气体丙烷，气体丙烷经冷凝器 21 冷凝后进入回流罐 22，用泵 23 增压后分为两路，一路作为塔 20 的塔顶回流，另一路即为丙烷产品

Ⅴ。丙烷产品既可作为本装置的冷剂，又可将其混入液化石油气Ⅵ中，或直接出装置。

由塔 20 侧线引出的液体是丙烷、丁烷混合物，用泵 24 增压后经冷却器 25 冷至常温后即为液化石油气产品。

脱丁烷塔 20 底部馏出物分为两路：一路经重沸器 26 加热后返回塔底；另一路经冷却器 27 冷却后即为天然汽油Ⅶ产品。

该装置的冷剂制冷系统 9 利用自产丙烷产品Ⅴ作为冷剂，设有两个制冷温度等级：一个温度等级用于原料气在板翅式换热器 10 中的冷冻；另一个温度等级用于脱乙烷塔顶部乙烷气体在冷凝器 16 中的冷凝。

6.4　天然气脱硫

由气井井口采出或从矿场分离器分出的天然气除含有水蒸气外，往往还含有硫化氢（H_2S）、二氧化碳（CO_2）、硫化羰（COS）、硫醇（RSH）及二硫化物（RSSR′）等，通常也称为酸气或酸性气体。天然气中最常见的酸性组分是 H_2S、CO_2、COS。

天然气中含有酸性组分时，会造成金属腐蚀，并且污染环境。若用天然气作化工原料，这些酸性组分会引起催化剂中毒，影响产品质量。因此，必须严格控制天然气中酸性组分的含量。

6.4.1　脱硫方法的分类

脱硫方法可分为间歇法、化学吸收法、物理吸收法、联合吸收法（化学-物理吸收法）、直接转化法、膜分离法等。其中，采用溶液或溶剂作脱硫剂的脱硫方法习惯上统称为湿法，采用固体作脱硫剂的脱硫方法统称为干法。

化学吸收法是以碱性溶液为吸收溶剂，与天然气中的酸性组分（主要是 H_2S 和 CO_2）反应生成某种化合物。当温度升高、压力降低时，吸收了酸性组分的富液又能分解释放出酸性组分，这类方法中最有代表性的是醇胺（烷醇胺）法和碱性盐溶液法。醇胺法适用于从天然气中大量脱硫，也可用于脱除 CO_2；碱性盐溶液法主要用于脱除 CO_2。

物理吸收法是采用有机化合物为吸收溶剂（物理溶剂），对天然气中的酸性组分进行物理吸收而将它们从气体中脱除。在物理吸收过程中，溶剂的酸气负荷与原料气中酸性组分的分压成正比，当压力降低时，吸收了酸性组分的富剂，随即可放出所吸收的酸性组分。

物理吸收法一般在高压和较低温度下进行，溶剂酸气负荷高，故适用于酸性组分分压高的天然气脱硫。此外，物理吸收法还具有溶剂不易变质、比热容小、腐蚀性小及能脱除有机硫化物等优点。由于物理溶剂对天然气中的重烃有较大的溶解度，故不宜用于重烃含量高的原料气。当净化度要求较高时，则需采用汽提或真空闪蒸等再生方法。

物理吸收法的溶剂通常靠多级闪蒸进行再生，不需蒸汽和其他热源，还可同时使气体脱水。

联合吸收法兼有化学吸收和物理吸收两类方法的特点，使用的溶剂是醇胺、物理溶剂和水的混合物，故又称为混合溶液法或化学-物理吸收法。目前，常用的联合吸收法有：

（1）萨菲诺（Sulfinol）法，习惯称为砜胺法；

（2）Optisol 法。

直接转化法又称为氧化还原法，以氧化-还原反应为基础。直接转化法目前在焦炉气、水煤气、合成气等气体脱硫及尾气处理方面有广泛应用，适用于原料气压力较低及处理量不大的场合。

膜分离法是借助于膜在分离过程的选择渗透作用脱除天然气中的酸性组分。

6.4.2　脱硫工艺流程与设备

6.4.2.1　醇胺法

醇胺法脱硫的典型工艺流程如图 6-15 所示。采用的主要设备是吸收塔、汽提塔、换热和分离设备等。

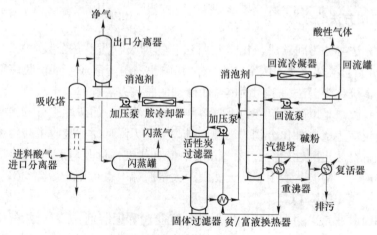

图 6-15　典型的醇胺法脱硫工艺流程

图 6-15 中，进料气经进口分离器除去游离的液体及夹带的固体杂质后进入吸收塔的底部，与由塔顶部自上而下流动的醇胺溶液逆流接触，脱除其中的酸性组分。离开吸收塔顶部的是净气，经出口分离器除去气流中可能携带的溶液液滴

后出装置。由于从吸收塔得到的净气是被水汽饱和的，因此在管输或作为商品气之前通常要脱水。

由吸收塔底部流出的富液先进入闪蒸罐，以脱除被醇胺溶液吸收的烃类；然后，富液再经过滤器后进贫/富液换热器，利用热贫液将其加热后进入在低压下运行的汽提塔上部，使一部分酸气在汽提塔顶部塔板上从富液中闪蒸出来。随着溶液在塔内自上而下流至底部，溶液中其余的 H_2S、CO_2 就会被在重沸器中加热汽化的气体（主要是水蒸气）进一步汽提出来。因此，离开汽提塔底部的是贫液，只含有少量未汽提出来的残余酸性气体。此贫液经过贫/富液换热器及溶液冷却器冷却，温度降低，然后进入吸收塔内循环使用。

从富液中汽提出来的酸气和水蒸气离开汽提塔顶，经冷凝器进行冷凝和冷却，冷凝水作为回流返回汽提塔顶。由回流罐分出的酸气根据其组成和流量，或送往硫黄回收装置，或压缩后回注地层以提高原油采收率，或送往火炬等。

图 6-16 是分流法脱碳工艺流程。该流程采用两股醇胺溶液在不同位置进入吸收塔，即半贫液进入塔的中部，而贫液则进入塔的顶部。从低压闪蒸罐底部流出的是未完全汽提好的半贫液，将其送到酸性组分浓度较高的吸收塔中部。从吸收塔顶部进入的贫液则与酸性组分气流接触，使净气中的酸性组分含量降低到所要求的指标。离开吸收塔底部的富液先适当降压闪蒸，继而又在更低压力下闪蒸，同时还用汽提塔塔顶来的气体进行汽提，离开低压闪蒸罐顶部的气体即为所脱除的酸性气体。

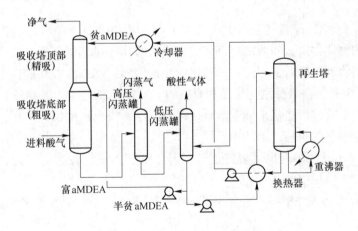

图 6-16　分流的醇胺法工艺流程

6.4.2.2　Selexol 法

物理吸收法采用有机溶剂在高压和常温或低温下吸收 CO_2 和 H_2S，而再生则采用低压高温。物理吸收法的工艺流程有单级吸收、分流吸收及两级吸收等。

Selexol 法溶剂为聚乙二醇二甲醚的混合物，除用于脱除天然气中的大量 CO_2 外，还可用来同时脱除 H_2S。

图 6-17 为最基本的 Selexol 法工艺流程，适用于脱除大部分的 CO_2。富溶剂在真空下闪蒸再生。

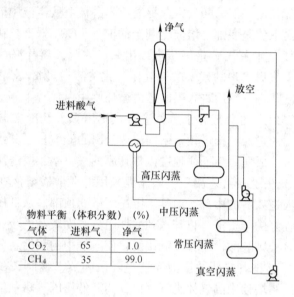

物料平衡（体积分数）（%）		
气体	进料气	净气
CO_2	65	1.0
CH_4	35	99.0

图 6-17 Selexol 法基本工艺流程

在图 6-17 中，原料气先与吸收塔底来的富溶剂混合，经冷却后进行气液分离，分出的气体再进入吸收塔底部。分离出的液体经过四级闪蒸。第一级为高压闪蒸，以回收被其吸收的甲烷；第二级为中压闪蒸，用以在较高的压力下释放出 CO_2；第三级和第四级分别为常压和真空闪蒸。在较高的压力（中压）下闪蒸得到的 CO_2，可通过膨胀机来回收能量或用来制冷，或再压缩回注地层，采用常压可降低真空闪蒸的负荷。

由于 Selexol 法溶剂也可溶解重烃，因此对于含重烃较多的富气，应采取适当的措施防止重烃溶解。

一种采用分流循环的 Selexol 法（见图 6-18），可有效地脱除原料气中的 H_2S。

在分流循环的 Selexol 法中，大部分溶剂进入吸收塔的下部，并通过闪蒸比较经济地进行再生。一般来说，离开塔下部的气体中 CO_2 含量很低。少量的 Selexol 溶剂用闪蒸气进一步汽提再生后进入吸收塔上部，用来脱除原料气中的 H_2S，这样，就可使再生时不用热量，故适合于海上平台采用。

另一种脱除 H_2S 的方法是，先在吸收塔内用被 CO_2 饱和的 Selexol 溶剂来处

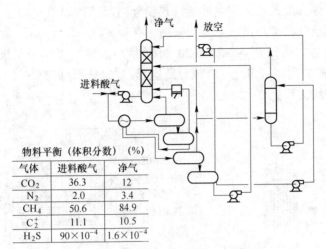

物料平衡（体积分数）(%)		
气体	进料酸气	净气
CO_2	36.3	12
N_2	2.0	3.4
CH_4	50.6	84.9
C_2^+	11.1	10.5
H_2S	90×10^{-4}	1.6×10^{-4}

图 6-18　分流循环的 Selexol 法工艺流程

理酸性原料气，并通过冷却除去吸收过程中放出的热量。Selexol 富剂经闪蒸后除去大部分 CO_2，闪蒸气则返回到吸收塔顶出口的气体中，再送至第二套 Selexol 法装置中回收 CO_2。

由吸收塔来的 Selexol 富剂经闪蒸后，采用水蒸气汽提来脱除 H_2S，脱除的 H_2S 作为硫黄回收装置的原料气。汽提后的 Selexol 溶剂进行冷却，再用 CO_2 饱和后返回吸收塔。

6.4.2.3　固体床脱硫法

分子筛也可用于从气体中脱除硫化物。当用来选择性脱除 H_2S 时，分子筛还可用来同时脱水与脱有机硫，或用来脱除 CO_2。

采用分子筛脱硫的综合工艺流程如图 6-19 所示。

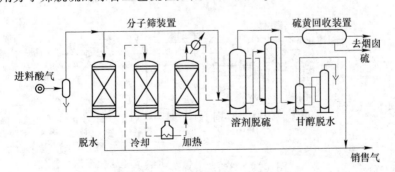

图 6-19　分子筛脱硫的综合工艺流程

6.4.2.4　膜分离法

目前，用于气体分离的主要有中空纤维管式膜分离器和卷式膜分离器，分别采用中空纤维膜和卷式膜。中空纤维管式膜分离器结构如图 6-20 （a） 所示。它主要用于分离氢气和生产富氧空气，采用涂有硅氧烷的聚砜不对称膜材料，是阻力型复合膜。卷式膜分离器如图 6-20 （b） 所示。它主要用于从天然气中分离 CO_2，由这些膜分离器可组成一级膜分离流程、二级膜分离流程及膜分离和醇胺法相结合的串级流程。

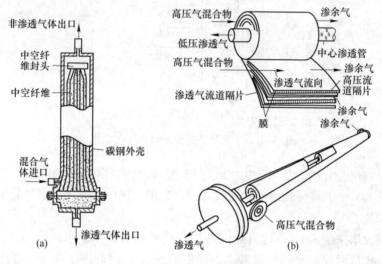

图 6-20　膜分离器结构示意图

（a）中空纤维膜；（b）卷式膜

典型的二级膜分离流程如图 6-21 所示。经过二级膜分离回收渗透气中的烃类后，平均烃损失量降至 2.06%。同时，由于膜分离装置还具有良好的脱水效果，净气不需进一步脱水即可管输。

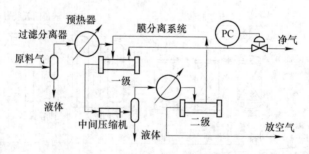

图 6-21　二级膜分离装置工艺流程

图 6-22 所示为串级脱硫装置的流程图。为了保证净化气和进克劳斯装置的酸气质量，将膜分离法和醇胺法结合使用。该装置先用卷膜分离器将原料气中

H₂S 含量降低，然后再用醇胺法进一步处理，而膜分离器的渗透气和醇胺法装置脱除的酸性气体混合后的 H₂S 含量（摩尔分数）则高达71.6%。

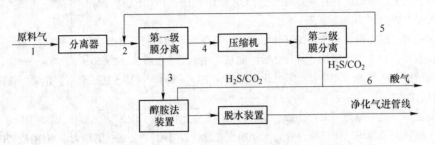

图 6-22　串级脱硫装置原理流程

化学吸收法中最有代表性的是醇胺（烷醇胺）法和碱性盐溶液法。醇胺法适用于从天然气中大量脱硫，也可用于脱除 CO₂。碱性盐溶液法主要用于脱除 CO₂。

化学吸收法、物理吸收法、联合吸收法及直接转化法因都采用液体脱硫剂，故又统称为湿法。

参 考 文 献

[1] 中石化上海有限工程有限公司. 化工工艺设计手册（上、下册）[M]. 5版. 北京：化学工业出版社，2018.

[2] 董振珂，路大勇. 化工制图 [M]. 北京：化学工业出版社，2005.

[3] 侯温顺. 化工设计概论 [M]. 2版. 北京：化学工业出版社，2005.

[4] 陈敏恒，丛德滋，齐鸣斋，等. 化工原理（上、下册）[M]. 5版. 北京：化学工业出版社，2012.

[5] 杨祖容. 化工原理 [M]. 3版. 北京：化学工业出版社，2015.

[6] 丁桓如，吴春华，龚云峰，等. 工业用水处理工程 [M]. 北京：清华大学出版社，2007.

[7] 高庭耀，顾国维. 水污染控制工程（下册）[M]. 2版. 北京：高等教育出版社，2000.

[8] 王遇冬. 天然气处理与加工 [M]. 北京：石油工业出版社，2011.

[9] 郭泉. 认识化工生产工艺流程 [M]. 北京：化学工业出版社，2017.

[10] 孙洋. 现代化工专业实习教程 [M]. 北京：中国石化出版社，2019.